做个有出息的男孩

Successful Boy

张永芳 ◎ 编著

图解版

中国纺织出版社有限公司

内 容 提 要

每个男孩的心中都有一个梦，梦想着自己成长得更优秀。然而，很多男孩都不知道应该从哪些方面去提升自己，常常感到迷茫，也会感到前行没有方向。阅读本书，男孩对于自己各方面的提升和成长会有更加明确的方向，对于未来也会更加充满信心。

图书在版编目（CIP）数据

做个有出息的男孩：图解版 / 张永芳编著. ---北京：中国纺织出版社有限公司，2023.3
ISBN 978-7-5180-9558-2

Ⅰ.①做… Ⅱ.①张… Ⅲ.①男性—成功心理—青少年读物 Ⅳ.①B848.4-49

中国版本图书馆CIP数据核字（2022）第087478号

责任编辑：刘桐妍　　责任校对：高　涵　　责任印制：储志伟

中国纺织出版社有限公司出版发行
地址：北京市朝阳区百子湾东里A407号楼　邮政编码：100124
销售电话：010—67004422　传真：010—87155801
http://www.c-textilep.com
中国纺织出版社天猫旗舰店
官方微博 http://weibo.com/2119887771
三河市延风印装有限公司印刷　各地新华书店经销
2023年3月第1版第1次印刷
开本：710×1000　1/16　印张：10.5
字数：131千字　定价：49.80元

凡购本书，如有缺页、倒页、脱页，由本社图书营销中心调换

在漫长的人生中，最美好的阶段就是少年时期。经过少年时期的成长，少年们对未来有了更加美好的幻想和憧憬。在这个阶段，少年们也坚持学习，掌握更多的知识，所以他们会把对生活的幻想转化为理想，也开始脚踏实地地奔向自己的目标。

打个比方，少年就像是一棵小树苗，经过一段时间的成长，他们把根深深地扎到泥土里，开始开枝散叶，接受阳光雨露的滋养。与此同时，狂风暴雨也磨砺着他们。当他们顶风傲雨站立着，全力以赴面对成长，便也在不知不觉间走向了成熟。

在青春期，孩子们正在形成世界观、人生观和价值观，能否顺利度过青春期，决定了孩子最终能否成长为顶天立地的参天大树。有一些孩子虽然经过了青春期的成长，却又矮又小，脆弱得不堪一击，依然是一颗稚嫩的小树苗，所以父母们一定要了解男孩和女孩的区别，知道如何对青春期的男孩和女孩加以引导。有些父母对于教育孩子根本没有经过认真的思考，也不区分男孩与女孩的不同，就把他们混养在一起。实际上，进入青春期之后，男孩与女孩的差别越来越大，父母一定要正视这样的差别，才能让孩子成长得更快、更好。

俗话说，宝剑锋从磨砺出，梅花香自苦寒来。对于男孩而言，如果不经过痛苦的磨砺，他们是很难破茧成蝶，成为有出息的男孩的。总而言之，有出息的男孩需要具备很多方面的品质，才能像雄鹰一样展翅翱翔，才能飞到属于自己的高远天空中。

在现实生活中，每一个父母都对男孩怀有殷切的希望，他们望子成龙，盼着男孩能够出人头地，希望男孩能够实现伟大的梦想。从男孩的角度来说，他们也希望得到父母的认可和赞赏，但是这并非轻而易举的事。

我们以男孩独特的身心发展特点为出发点，结合社会生活的现状和孩子的心理学知识，对男孩在成长过程中的各种行为表现进行了分析。全书以各种小故事为脉络，对理论部分进行阐述，读起来生动有趣，很容易吸引男孩子们的关注。不管男孩现在成长得如何，相信在阅读了这本书之后，他们一定能够从故事中得到启发和感悟，也一定会变得越来越坚强不屈，真正拥有昂扬的斗志，最终成长为有出息的男孩。

编著者

2022年5月

第一章　有出息的男孩坚强自立，勇敢驾驭人生 ‖ 001

- 003　在哪里摔倒，就在哪里爬起来
- 005　独立自主，才能距离成功越来越近
- 008　自立自强，生生不息
- 010　每个人都有自己的一片天
- 013　靠自己，才会有出路
- 016　独立的男孩最帅气

第二章　有出息的男孩从容自信，迈向成功旅途 ‖ 019

- 021　坚持自己认为正确的事情
- 023　让自信成为生命的支柱
- 026　是金子，不管在哪里都会发光
- 030　坚持到底，就是胜利
- 032　不要被想象中的困难吓倒
- 034　成为最好的自己，就是成功

第三章　有出息的男孩自制自控，成熟稳重掌控世界 ‖ 037

- 039　脚踏实地，淡定从容
- 041　来自哥德巴赫猜想的启示
- 043　自制是成功的捷径
- 045　掌控自我，掌控世界
- 048　宽容待人，冲动是魔鬼
- 050　冷静沉着，才能坚持自制

第四章　有出息的男孩敢于承担，顶天立地行走天下 ‖ 053

- 055　做敢于担当的男孩
- 057　没有机会，就创造机会
- 060　凡事总有第一次
- 062　功夫不负有心人
- 064　为自己的错误买单

第五章　有出息的男孩勤于思考，处处留心皆学问 ‖ 067

- 069　勤于思考，勇于创新
- 071　有头脑才有出息
- 073　学以致用才能发挥知识的效力
- 075　正确对待批评
- 077　处处留心，才能处处进步
- 080　审时度势，顺势而为

第六章　有出息的男孩心怀感恩，以好心态拥抱生命 ‖ 083

- 085　心怀感恩，为爱接力
- 087　滴水之恩，当涌泉相报
- 089　感恩要说，更要做
- 091　命运以痛吻我，我却报之以歌
- 093　坦然面对厄运
- 096　快乐度过生命中的每一天

第七章　有出息的男孩善良正直，充满人格魅力 || 099

- 101　信守承诺，一诺千金
- 103　以诚信为本，立世界之根
- 106　坚持正义，问心无愧
- 108　学习包拯，明辨是非
- 110　学习管仲，光明磊落
- 112　凭着良心做事情

第八章　有出息的男孩乐于助人，慷慨大方 || 115

- 117　真正的慷慨是什么
- 119　富妈妈更要"穷"养孩子
- 122　比尔·盖茨为何捐献财产
- 124　感恩，更要言谢
- 125　大方与小气，不像你想的那样
- 127　对手，是我们最好的榜样

第九章　有出息的男孩乐观坚强，从不畏惧人生风雨 || 131

- 133　不被负面情绪所左右
- 136　面对挫折，微笑面对
- 138　心若改变，世界也会随之改变
- 140　乐观地面对一切
- 143　你快乐吗

第十章　有出息的男孩心怀大爱，执着追求幸福 ‖ 147

149　相信自己，相信幸福
151　物质不是幸福的必备条件
153　保持良好心态，幸福不请自来
155　知足常乐，知足幸福
157　顺应天性，让我们亲近幸福

参考文献 ‖ 160

第一章

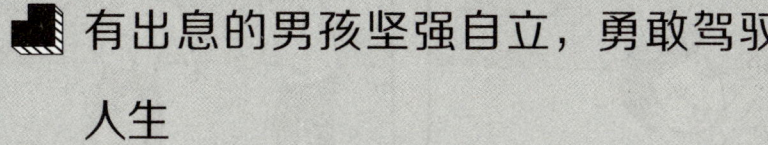

有出息的男孩坚强自立,勇敢驾驭人生

作为男孩,唯有做到坚强自立,才能勇敢地驾驭属于自己的人生。如果总是依赖他人,甚至连独立生存的能力都没有,那么男孩就会变成他人的附属品,根本无法创造自己的精彩未来。

在哪里摔倒，就在哪里爬起来

周末，爸爸妈妈陪着爷爷奶奶，带着帅帅，一起去郊外的公园游玩。帅帅非常开心，他高兴得又蹦又跳。公园里鲜花盛开，到处飞舞着蝴蝶和蜜蜂，呈现出生机勃勃的景象。帅帅看到有一只五颜六色的蝴蝶，特别漂亮，当即就去追赶那只蝴蝶。

帅帅跑啊跑，虽然爸爸妈妈提醒他要跑得慢一点，但是他一心一意只想抓住蝴蝶。就在这个时候，他因为没有注意到脚底下的一块石头被绊倒了。他双膝跪在地上，哇哇大哭起来。他扭过头去，看着爸爸妈妈和爷爷奶奶。看到帅帅受伤了，爷爷奶奶马上就要冲过去扶起帅帅。这个时候，妈妈阻止爷爷奶奶："爸妈，先别着急，他应该没有受伤，让他自己爬起来试试。"爷爷奶奶满脸的为难，他们既想冲过去照顾帅帅，又担心媳妇对此感到不满，只好慢慢吞吞地往前走。

这个时候，妈妈三步并作两步走到帅帅的身边，蹲下去对帅帅说："帅帅，你可以自己爬起来吗？"听到妈妈的话，帅帅哭得更加厉害了。他说："疼，我的腿很疼！"这个时候，妈妈让帅帅坐在地上并检查了帅帅膝盖上的伤，对他说："帅帅，只是擦破了一点皮，没有关系的。妈妈相信你是一个勇敢的男子汉，摔倒了，一定能够自己爬起来。"

看到妈妈并不打算扶自己起来，帅帅又把目光投向爷爷奶奶。这个时候，爸爸也来到帅帅的身边，帅帅又满怀期待地看着爸爸。爸爸和妈妈统一战线，对帅帅说："儿子呀，你可是勇敢的男子汉，摔倒了就要自己站起来！爸爸相信你一定可以做到的！以后，爸爸妈妈要是不在你的身边，比如你独自去幼儿园摔倒了，那要怎么办呢？等着老师扶你起来吗？有可能老师并没有看到你摔倒，其他的小朋友也有可能不会帮助你，所以你必须自己站起来。"在爸爸耐心的劝说下，帅帅点了点头。他用手支撑着地面，挣扎着站了起来，然后又低下头拍了拍自己身上的泥土，这才一瘸一拐地慢慢往前走去。

现实生活中，很多父母和长辈，一旦看到孩子摔倒了，马上就会跑过去扶起孩子，甚至把孩子抱在怀里嘘寒问暖。在这种情况下，孩子原本没有那么紧张害怕，却因为父母和长辈的过度反应而变得紧张起来，有些孩子摔倒的时候并没有哭泣，在看到父母的过度反应后会突然哭起来。孩子的表现与父母和长辈对待他们的态度是密切相关的。

在人生的道路上，每个人都会摔倒，在摔倒了之后，只有勇敢地爬起来，才能再次快速地奔跑。虽然我们小时候不得不依靠父母的照顾才能成长，长大了之后却不能依然依靠父母的照顾生存，而是要独立面对很多事情。对于男孩而言，虽然获得成功需要各个方面的要素，但是自己才是成功的最大要素。只有不再依靠父母，只有选择独立坚强地面对生命中的一切境遇，男孩才能快速地成长和成熟起来。

美国前总统肯尼迪小时候和父母一起乘坐马车去郊外游玩。因为马车在弯道加速，所以他被甩出了马车。他当时坐在路边伤心地哭泣，但是他的父亲却坐在马车上悠然自得地问他是否受伤严重。在得到肯尼迪并没有受伤的回答之后，父亲没有对肯尼迪做出回应，而是要求肯尼迪独立站起来。正是在父亲的苦心栽培之下，肯尼迪才被塑造出独立坚强的可贵品质。

对于人生，我们要有发自内心的力量，这种力量会使人生具有最原始的驱动力，会促使我们在生命的历程中坚持往前走。所谓自立，指的是我们在成长的各个阶段中都应该尽自己的努力达到最高的水平，也要让自己的精神不断成长和发展，能够指引自己前行的道路。比如肯尼迪摔下了马车，靠着自己的力量站了起来，后来他更是在父亲的引导下，独立自主地去做很多事情。作为父母，要与时俱进地跟上孩子成长的脚步，要适时地对孩子放手。如果父母总是

有出息的男孩坚强自立，勇敢驾驭人生 第一章

把孩子束缚在身边，寸步不离地守着孩子，最终孩子就会因为对父母过于依赖而变成父母的附属品。

古人云，一屋不扫何以扫天下。从更细致的角度来说，一个人如果不能做到独立自主地生存，又怎么可能会获得成长和发展呢？他们更不可能获得最终的成功。在追求梦想的道路上，我们必然要经历漫长曲折的过程，越是面对挫折，我们越是要独立坚强，越是面对风雨，我们越是要勇敢前行。

独立自主，才能距离成功越来越近

从前，有个小男孩特别想去游乐场玩，但是因为父母对他的管教非常严格，在日常生活中很少给他零花钱，所以他无法支付游乐场高昂的门票费用，只能对游乐场望而却步。

周末，同学们都相约着一起去游乐场玩，小男孩也很心动。但是，他不知道自己应该从哪里才能弄到钱买门票。虽然他很想向爸爸妈妈要钱，却害怕被拒绝。他很想自己赚钱，却不知道自己这么小能做什么工作。在对金钱的极度渴望中，他开始思考赚钱的问题。他调制了一种口味独特的汽水在街边叫卖。然而，过往的行人对于他调制的汽水丝毫不感兴趣。虽然这条街道上有很多行人路过，但是行人们看了看就摇摇头走了。直到最后，只有爸爸妈妈买了他的汽水，给了他相应的费用。这次自主创业，小男孩毫无悬念地失败了，但是他并没有气馁。虽然他只卖出了两份汽水给爸爸和妈妈，但是他却感受到了自己赚钱的成就感。

有一天早晨，爸爸让小男孩去把报纸取回来，因为爸爸每天早晨吃饭的时候都要看报纸。这天早晨，爸爸的确太忙了，没有时间去取报纸。得到爸爸的请求后，小男孩飞奔而去，当他把报纸取回来的时候，他突然灵光一闪，有了

一个很好的主意：我为何不去帮邻居们取报纸呢？这样，邻居们不需要走出温暖的房间，就可以在清晨吃早餐的时候看到当天最新的报纸了。如果我能够为周围的邻居们取报纸，并且只收取他们很少的费用，那么他们一定会感到特别省事。就这样，男孩儿问遍了周围的邻居，最终只有十家邻居愿意让他帮忙取报纸，而且愿意支付每个月一美元的费用给他。虽然每个月需要一美元，但是平均下来每天只需要付出几美分，邻居们就不用在寒冷的冬天里顶着寒风去取报纸了，这让他们感到非常惬意。

从那之后，男孩每天早晨都早起半个小时。他利用这段时间帮邻居们取报纸，然后把报纸塞到客厅的门缝里。男孩的服务非常好，他从来没有耽误过时间。一个月过去，他赚了十美元，这对男孩来说可是一笔巨款啊。邻居们对男孩的服务都很满意，他们口口相传，让男孩没有想到的是，第二个月他就有了二十多名顾客。这意味着他每个月都会有二十多美元的收入，他简直开心极了。这样下去，他只需要再辛苦一两个月，就有钱买门票去游乐场玩了。

这次创业的成功，让男孩大受鼓舞。想到自己每天早晨那么早起床，只给邻居取报纸，为何不能多花一点时间帮邻居把垃圾也送到垃圾桶里呢？毕竟邻居即使不需要出门取报纸，也需要出门倒垃圾。如果他们不能提前倒垃圾，就要在上班出门的时候穿的衣冠整齐，却要拿着脏兮兮的垃圾倒入垃圾桶。想到这里，男孩又对那些邻居们提议道："大家只需要每个月再加一美元，我就会把大家的垃圾送到垃圾桶里。你们只需要在早晨的时候把垃圾袋放到门口，我就会完成这个任务哦！"这真是一个非常有诱惑力的超值服务，几乎所有的报纸用户都选择了增订男孩的倒垃圾服务。因为这个创意，男孩的收入马上增长了一倍。所以他不需要再等两三个月就能去游乐场了，他当月就去了游乐场里痛痛快快地玩了一趟。

随着业务开展得越来越顺利，男孩又增加了更多的业务，如帮忙遛狗，给植物浇水，修剪草坪等。就这样，男孩利用每天的空闲时间和周末的休息时间，居然赚取了很多钱。

有出息的男孩坚强自立，勇敢驾驭人生 第一章

现实生活中，很多父母都会无条件地为孩子提供良好的学习和生活条件，甚至会给孩子大量的金钱支持，这使得孩子们衣食无忧，从来不为生活而发愁。他们不管有什么需求和欲望，都能够在第一时间得到满足。渐渐地，男孩对父母的依赖性就会越来越强。在现代社会中，甚至有些男孩已经成年，却依然啃老，靠着父母的微薄收入生活。不得不说，这样的教育是完全失败的，这样的男孩也永远不可能获得成功。

每一个男孩成长的最终意义就是要脱离对父母的依赖，成为独立自主的自己，锻炼自己各方面的能力，让自己即使面对风雨泥泞，也依然能够勇敢前行。父母教育孩子最终的目的就是让孩子离开父母，拥抱属于自己的人生，这听起来非常简单容易，似乎只需要推开孩子就能实现。实际上，要想让孩子真正地实现自立自强，是很难做到的，需要父母和孩子共同努力，共同坚持。

当孩子真正做到自立自强，他们就能够从生命的力量中汲取无穷无尽的动力，他们在面对生活的困厄时，就不会因为沮丧绝望而轻易放弃。哪怕承受不幸和痛苦，他们也依然坚持勇敢面对，还会不遗余力地努力创造，坚韧不拔地去战胜困难，最终以顽强不屈的毅力战胜一切的困难，实现伟大的自我成就。

那么，要想培养男孩的自立能力，要做到哪些方面呢？首先，男孩应该坚持自己的事情自己做。如果男孩连自己的事情都做不好，那么他们就做不好其他事情。其次，男孩应该发展自己各个方面的能力，不要总是处处依赖他人。再次，男孩要有理财意识。很多男孩都缺乏理财意识，有时还会无限度地消费。在这样的情况下，他们对于金钱的合理安排方面表现得非常糟糕。最后，男孩要学会帮助他人。帮助他人也是自立的一个重要方面，一个人如果比较自私，就无法得到他人的帮助，只有先对他人伸出援手，在关键时刻才能得到外部的助力。所以，帮助他人对男孩而言是至关重要的。

总而言之，自立的男孩才更有可能获得成功。想做到自立，还需要做好很多方面的事情。这些事情都是根据男孩的成长情况，以及男孩具体的生活情况决定的，所以不可以用统一的标准去框定。

自立自强，生生不息

大学毕业后，小马没有像大多数同学那样回到家乡去做一份自己不喜欢的工作，虽然安逸，但是却没有任何挑战性。最终，他拒绝了父母给他安排的工作，背起行囊，独自一个人来到大城市打拼。让他万万没有想到的是，大城市里霓虹灯闪烁，看似光鲜亮丽，实际上要想找到一份好工作是很难的，尤其是对于他这样并非毕业于名牌大学，而且没有工作经验的年轻人来说，要想找到一份收入稳定、待遇优厚的工作更是难上加难。

一个偶然的机会，小马在朋友的介绍下进入了一家房地产经纪公司工作。说白了，他的工作就是卖房子。对于这份工作，小马一开始并没有看在眼里，他想先用这份工作来过渡，赚钱养活自己，等到有了好机会再跳槽。抱着这样的心态，小马进入了房地产经纪公司之后，开始了风吹雨淋、奔波忙碌的卖房生涯。

经过三个月的历练，小马才意识到这份工作并没有自己想象的那么容易。一开始，他认为自己至少每个月都能卖出去一套房子，但是事实证明已经三个月了，他距离把房子卖出去还相差甚远呢。此时，小马感到非常尴尬，他面临着或者被公司辞退，或者不要薪水留下来继续挑战自己的选择。思来想去，小马被激发了好胜心，他暗暗想着："我又不比别人缺少什么，我就不相信我还卖不出去一套房子！就算要辞职，我也要等到卖出去一套房子再递交辞职报告！"

在这股劲头的激励下，小马每天起早贪黑，更加用心，他很主动地向师父学习。又过了一个多月，他终于成功地卖出去了一套小房子。这套小房子的佣金很少，和小马之前实习期的底薪差不多，只补足了小马这一个多月没有底薪白忙活的亏空。但小马可以继续交房租，吃盒饭了。与此同时，小马意识到很多同事一个月卖出去几套房子，收入就是自己的几倍。而且，如果他们卖的是

大房子，因为总价更高，所以佣金和提成都会高得多。想到这里，小马自言自语道：难怪那些比自己大不了几岁的同事都已经付了首付，买了属于自己的房子呢！小马决定，他要继续留下来，把这份工作做好，他还要买属于自己的房子呢！

小马终于沉下心来全心投入地工作了，这使他的状态变得完全不同。才半个月过去，他又卖出去一套大房子，这就意味着他这个月的收入比此前四个多月的收入都高。小马受到了很大的鼓舞，干劲十足。后来，他在这份行业里摸爬滚打了十几年，做到了公司销售总监的位置，然而他并不满足，他认为自己还可以做得更好。

想到自己始终这样漂泊在外地，小马决定回到家乡发展。他没有回自己所在的小县城，而是回到了省城里，开了一家房地产经纪公司。因为有着十几年的工作经验，他开起公司来得心应手，不但公司非常正规，流程非常严谨，而且公司的福利待遇也非常好。就这样，小马的公司开得风生水起，很快就实现了盈利。又因为离家乡很近，他还买了大房子，把父母接到身边来享福。后来，小马的公司开了很多家分店，解决了几百人的就业问题，他还作为当地创业的青年才俊代表被政府邀请去分享创业经验呢！

在这个事例中，小马如果像大多数同学那样在父母的安排下回到家乡工作，那么他就不会有这样的人生际遇。正是因为他能够狠下心来去大城市打拼，也因为他有着不服输的精神，所以他才能够在房地产经纪行业摸爬滚打，最终积累了丰富的工作经验和人脉资源，也积累了人生中的第一桶金。这为他独自创业打下了基础。

作为普通人家的孩子，我们并没有家族企业可以继承，我们的父母甚至不能给我们安排一份很好的工作。既然如此，我们就只能依靠自己去打拼。俗话说，只有有准备的人，才能够抓住各种各样的机遇，才能够距离成功越来越近。我们也要说，只有有准备的人，才能够真正地获得成功。那么，什么叫有准备呢？在这个事例中，小马毕业之后去城市打拼，就是一种心理上的准备，

说明他已经准备好迎接动荡不安的生活。在面对是去是留的问题时，小马选择留下来证明自己的能力，这也是一种准备。最终，他在公司里工作了十几年，积累了很多重要的资源。这更是一种准备，为他后来独自开公司创造了良好的条件。细心的朋友们会发现，凡是获得成功的人都非常勇敢，坚强独立，而且他们有很强大的心灵。在创业的道路上，他们既敢于迈出第一步，做别人不敢做的事情，也敢于承受失败，承担风险。其实，每件事情都有可能获得成功，也有可能失败。如果我们总是不能调整好心态，面对成功和失败，那么我们就会固步自封，不敢做任何事情。

虽然每个男孩都渴望自己能够事业有成，成为真正的成功者，但是真正能够成功创业的男孩却少之又少。男孩要想自主创业，就要从现在开始努力学习更多的知识，积累更多的经验，也可以进入一些公司工作，做好心理上的准备。开公司可不是一件简单容易的事情，尤其是要当好老板，更要承受比当普通员工更多的压力。首先，要具备领导力，这样才能管理好自己，管理好他人。其次，要拥有灵活的头脑。很多男孩思考问题总是从传统的角度出发，很少坚持去做自己想做的事情，这使他们处理问题的时候常常表现出僵化的倾向和特点。最后，千万不要惧怕挫折。我们既有成功的可能，也有失败的可能，因此我们应该勇敢地追求成功，直面失败。失败是成功之母，只有踩着失败的阶梯，我们才能努力地向上攀登，也只有踩着失败的阶梯，我们才能执着地坚持前行。

每个人都有自己的一片天

1932年，约翰出生的时候发高烧，导致大脑神经系统瘫痪。这使他说话、行走，以及控制身体的能力都受到了严重损伤。医学专家甚至指出，约翰即使

有出息的男孩坚强自立，勇敢驾驭人生 | 第一章

长大成人，在心智方面也会有严重缺陷。然而，当初曾对约翰做出这种判断的医学专家肯定没有想到，约翰不仅成为了出色的销售专家，还成为了怀特金斯公司的产品形象代表，他是怀特金斯公司有史以来最优秀的推销员。

约翰到底是怎么做到这一切的呢？这得益于约翰有一个好妈妈。虽然医学专家对约翰做出了令人沮丧的预估，但是妈妈始终都没有放弃约翰，她总是鼓励约翰，给予约翰莫大的支持。

长大之后，约翰开始从事推销工作。虽然他很想成为一名推销员，也向很多公司递交了就业申请，但是那些公司全都拒绝了他。最终，只有怀特金斯公司勉为其难地接受了约翰，但是他们给了约翰一个难啃的硬骨头，那就是公司里没有人愿意承担的地区业务。他们希望，如果约翰不能啃下这块硬骨头，那么约翰就会知难而退；如果约翰能够凭借出色的工作能力啃下这块硬骨头，就证明他是可以胜任销售工作的。

约翰至今还记得第一次上门推销时的情景。面对着紧闭的房门，他犹豫不决。当他终于勇气按响门铃之后，等待着他的却是无情的拒绝。即便如此，约翰从来没有放弃过上门推销的工作。因为控制身体的能力减弱，他自己无法系好鞋带，因而他每天都路过一个擦鞋摊，请擦鞋的人帮他系好鞋带。然后，他还会去一家熟悉的宾馆，请宾馆里的接待员帮他扣好衬衫的扣子，打好领带。做好这一切之后，他才精神抖擞地开始推销工作。他每天都要走很长的路去推销产品。即使成功地推销出去产品，他颤抖的手也无法顺利地填写好订单，所以那些愿意从他手中订购客商品的客户就成为了他的代笔者。约翰每天都要工作十几个小时，回到家里，他就因为受到偏头疼和关节疼痛的折磨，无法站立，这与他在外面坚强勇敢的形象截然不同。正是在执着的努力之下，约翰的销售额才能节节攀升，最终成为了怀特金斯公司最优秀的推销员。

即使对于一个四肢健全的人而言，推销工作也是一个巨大的挑战，因为推销工作需要我们一次又一次地敲开他人的门，也需要我们一次又一次地承受他

· 011 ·

人的拒绝，甚至遭受白眼。然而，这一切都不应该成为我们放弃的理由。如果是大脑神经系统瘫痪的约翰都能够在销售领域作出如此杰出的成就，那么我们作为正常人为何不能执着地去做好这件事情呢？约翰的经历告诉我们，一个人只要确立了人生的伟大目标，全身心投入，做好自己想做的事情，那么他们就能够创造奇迹。男孩更要和约翰学习，学习其坚韧不拔的精神和永不放弃的意志力，最终成为自己的骄傲。

现实生活中，很多人之所以碌碌无为、默默无闻，不是因为他们能力有限，也不是因为他们没有遇到好机会，而是因为他们不相信自己。对于每个人来说，自信都是最重要的力量。所谓自信，就是要充分相信和依靠自己的力量，坚信自己能够战胜和克服所有的困难。在这个世界上，我们可以依靠的人也许很多，但是在真正艰难的时刻，我们唯一能够依靠的人只有自己。

约翰身残志坚，正是因为如此，他才能走出自己的人生之路。他需要克服那么多困难，却从来没有想过放弃。他的妈妈一如既往地支持他，也给了他很大的信心和勇气。作为父母，一定要学习约翰妈妈的长处，发现孩子的可贵之处，也要给予孩子绝对的理解、信任、支持和帮助。

和约翰一样，乔·吉拉德也是推销行业的奇迹。他曾经在连续十二年的时间里都位居吉尼斯世界纪录销售的冠军宝座，这是因为他创造了汽车销售的世界纪录。在连续十二年的时间里，他每天都能够卖出去六辆汽车，迄今为止，他创下的这个纪录依然没有人能够超越。后来，他还成为了演讲大师，向人们分享他销售的经验。实际上，乔·吉拉德只是一个普通家庭的孩子，他并没有显赫的家庭背景，也没有接受过很好的教育。在三十五岁以前，他做很多事情都遭遇了失败。一事无成的他不得不频繁地换工作，甚至还在三十五岁那年破产了，并且因此负债累累。生活的绝境逼得他走投无路，他只好进入了汽车销售行业，成为了一名汽车销售员，却因此打开了他人生中崭新的局面，让他在汽车销售领域创造了无人能及的伟大成绩。

命运也许会让我们陷入困境，然而，这种困境不是绝境。虽然命运是公

有出息的男孩坚强自立，勇敢驾驭人生 第一章

平的，但是每个人的命运却是不同的。很多人健康地出生，过着幸福快乐的生活，也有人一生下来就有严重的残疾，生活很不如意。不管命运如何对待我们，我们都应该坦然接受，因为抱怨从来无济于事。只有发现自身的优势和特长，只有坚持自己，做自己该做的事情，我们才能度过人生中的很多难关，创造人生的精彩与辉煌。

也许我们个人的力量非常弱小，但是我们并不能因此就刻意地逃避困难，更不能因此迷失自我，不愿意实现自身的价值。男孩要想有出息，就要坚持学习。在学习的过程中，也许会在一两次考试中出现失误，导致成绩不佳，甚至会被不负责任的老师定义为在某门课程的学习上没有天赋，但是这都不应该成为男孩逃避和畏惧的理由。学习是一个日积月累的过程，没有人能够一蹴而就获得成功，所以男孩要坚持努力，只有每天都坚持付出一点点，才能够在学习上有更为杰出的表现。通往成功的路很长，尤其是通往梦想的路，更是长得看不到终点，但是我们只要愿意用脚步去丈量，就总能走到与梦想最接近的地方。有出息的男孩一定要自己拯救自己，要开创属于自己的精彩人生，创造自己至高的人生价值。

靠自己，才会有出路

拿破仑大帝缔造了法兰西帝国，在世界历史上留下了名字。他是一个特别有征服欲的人，尤其喜欢打猎，他经常孤身一人去深山老林里，只想捕获到非常有趣或者罕见的动物。拿破仑还是一个特别聪明的人，他的头脑非常灵活，反应特别迅速，最重要的是他打猎的技巧异常高超。在这些因素的综合作用下，他每次都能够捕获很多猎物，收获满满。

有一次，拿破仑又独自一人去深山老林里打猎。这次，他的运气可不太

好，整整一个上午，他在深山老林里不停地奔波，却没有捕获任何猎物。他感到非常疲惫，也很口渴，因而就去不远处的小河边找些水喝。就在拿破仑来到小河边想要喝水的时候，他发现有个男孩不小心坠入了河中，正在苦苦挣扎，而且还冲着拿破仑喊救命。

拿破仑是一个非常勇敢的人，但是他却没有救这个男孩，这是为什么呢？原来，拿破仑对这条小河非常熟悉，他知道这条小河的河面很窄，河水也不深，这个孩子看起来已经十几岁了，只要能够安定心神，站起来把脚踩在河底，河水顶多到他的胸口。这么想着，拿破仑气定神闲地看着男孩，说道："你还是自己爬上来吧，我相信你能做到！"听到拿破仑的话，男孩更加慌乱了，拼命扑腾起来。

眼看着男孩的情况越来越危急，为了帮助男孩恢复冷静，拿破仑索性拿起猎枪对准男孩，愤怒地喊道："孩子，你给我听好了！如果你不能马上从河里爬出来，我就会开枪，结束你痛苦的挣扎。"看到拿破仑声色俱厉的模样，男孩恐惧极了，他可不想还没被淹死就被开枪打死啊！看到拿破仑一本正经的样子，男孩深知他不是开玩笑的，因而他赶紧往河边划动双臂，努力地向河边游过来。虽然他并不会游泳，但是随着双臂每一次奋力地划动，他距离河边越来越近了。

经过一番苦苦挣扎，男孩突然发现自己的脚可以碰到河底。原来，他移动了位置之后，河底变浅了。这样一来，他就更容易踩到河底了。他惊魂未定地来到岸边，一边哭一边质问拿破仑："你为何那么冷血无情啊！我都快被淹死了，你非但不救我，还要开枪打死我。你难道是魔鬼吗？"看到男孩平安无事，拿破仑笑着说："亲爱的孩子，虽然我没有救你，但是我也没有打死你，最重要的是你并没有被淹死呀！现在你已经不再面临死亡的威胁了，不妨回过头去看一看，这条小河根本不像你想象中那么可怕。所以呀，你必须靠自己才能拯救自己。如果我没在河边喝水呢，难道你就等着被河水淹死吗？"听了拿破仑的话，男孩恍然大悟，他感激地冲着拿破仑鞠了一躬，感谢拿破仑让他实

现了自救。

很多人一旦遇到困难，第一时间就会向他人求助，这是因为他们已经习惯了依赖他人。尤其是那些从小就得到父母无微不至照顾、从来不为生活而忧愁的男孩们，他们的依赖心理是更加强烈的。在这个故事中，小男孩坠落河中非常惊慌，原本他看到拿破仑就不假思索地向拿破仑求救，却没想到拿破仑非但没有救他，反而还端起枪来对着他，这使得他慌乱的心渐渐地冷静了下来，意识到自己必须赶快回到岸边才能活下来。

在日常生活中，很多男孩都会有强烈的依赖心理，这并不完全是由于自身能力有限导致的，而是因为在成长的过程中，父母总是过多地照顾男孩，过多地呵护男孩，而使得男孩缺乏自立能力。有些事情男孩明明可以凭着自身的能力做好，却总是不假思索地求助于父母；还有些男孩因为长期依赖父母，所以性格变得犹豫不决，迟疑不定，又因为缺乏自信，在面对很多艰难的事情时，他们根本不能进行独立的思考，也根本不能进行独立的决策。在这种消极心态的影响下，他们的身心发展都不健康，他们的人格将会面临很大的缺陷。如果发现男孩的依赖性比较强，那么父母就要引导男孩从小事做起，给予男孩更大的自由空间，让男孩循序渐进地成长为独立的男子汉。

首先，要营造民主的家庭氛围，把男孩当成家庭的小主人，在遇到很多事情的时候，鼓励男孩发表见解。如果男孩的建议是合理的，父母要积极地采纳。在大多数家庭生活中，父母都认为男孩还小，不能理性地思考，也认为他想不出什么好主意，所以每当家庭中发生重大事件的时候，他们甚至不经过男孩的表态就会私下里解决所有的问题。如果男孩的成长从来没有经风历雨，他们又怎么可能更加茁壮呢？如果男孩在家庭生活中不能被父母当作是独立的生命个体去尊重，他们又怎么可能更加有主见，更加自立呢？

其次，要让男孩相信自己，接纳自己。很多时候，男孩之所以不敢做很多事情，是因为他们害怕自己做不好，缺乏自信，否定了自己的能力。在男孩成长的过程中，父母即使看到男孩把有些事情搞砸了，也不要总是批评和训斥男

孩,而是要给予男孩大力支持,鼓励他们在失败之后继续勇敢地尝试。父母要以发现的眼睛看到男孩身上的闪光点,看到男孩的优势和长处,也要以合理的方式指出缺点和不足,这样男孩才能具备更强大的自信,也才能真正地认识自己。

最后,看着男孩"撞南墙"。为什么要看着男孩撞南墙呢?大多数父母都做不到这一点,因为他们生怕孩子会受伤害,也生怕孩子不能做到最好。其实,有些事情不经历无以成经验,对于孩子的成长更是如此。因此对于很多事情,父母必须给孩子机会亲自参与实践,亲身去经历和体验,这样孩子才能有切实的感受,也才能够意识到自己应该怎么做。比如,很多父母都为青春期孩子在寒冷的冬天不愿意穿过于厚重保暖的衣服而感到烦恼,这是因为父母觉得孩子很冷,而孩子却为了耍酷,故意穿单薄的衣服。在这种情况下,父母与其一味地与孩子争执,或者强求孩子必须听从父母的指令,还不如任由孩子穿着单薄的衣服去户外感受寒冷。也许孩子会因此而感冒,但是从此之后他们就会知道,天冷了就要多穿衣服,这样才能保暖,才不会感冒,这样所起到的效果岂不是更有说服力吗?

总而言之,养育孩子是一件很有技术含量的事情。作为父母,切勿总是强求孩子做好每一件事情,而是要给孩子独立自主做出选择的机会,这样孩子才会真正地成长起来。

独立的男孩最帅气

说起香港电讯盈科拓展集团的主席李泽楷,人们就会想起他的父亲李嘉诚。李嘉诚被誉为华人首富,李泽楷的成功是否与父亲的帮助分不开呢?李泽楷荣登美国财富杂志全球青年富豪榜第十名,这也许很大程度上来自于他父亲的功劳吧?很多人之所以会这么想,是因为他们完全不了解李泽楷成长的经历。真

有出息的男孩坚强自立，勇敢驾驭人生 | 第一章

正了解李泽楷的人，都知道他是一个非常独立的人，正是因为父亲有如此大的家族产业，所以他要刻意地与父亲保持距离，全力以赴发展属于自己的事业。

十三岁那年，李嘉诚把李泽楷送到美国加州读书，他的哥哥也在美国读书，弟兄俩互相照应，也不至于觉得孤单寂寞。出乎父亲的预料，李泽楷到了美国之后很少和哥哥见面，而且对于父亲预先为他存在银行里的巨额生活费，他更不曾动用。那么，李泽楷是靠着什么生活的呢？

作为不折不扣的富二代，李泽楷从来没有花父亲钱的习惯。他在美国生活得非常艰苦，在学习之余，四处打零工，以此养活自己。说起来令人感到难以置信，李泽楷不但在快餐店里当过服务员，还在高尔夫球场上当过球童。众所周知，高尔夫球场特别大，当球童每天都要背着高尔夫球棒走来走去，这使李泽楷的肩膀留下了旧伤，一直到现在还经常发作。虽然靠着打工赚钱养活自己非常辛苦，但是李泽楷从不为此而感到后悔。他非常努力，赚来的钱不仅自己花，还用省下的钱资助那些生活困难的同学。李嘉诚虽然心疼儿子如此辛苦，但是得知儿子所做的这一切举动时，他又倍感欣慰，他为自己有这样的一个好儿子而感到骄傲！

完成学业后，李泽楷原本可以回到父亲的公司里执掌大权，但是他并没有这么做。他拒绝了父亲的安排，而是去了一家投资顾问公司应聘。他从来没有说起过自己的身份与背景，而是凭着自己的实力成为了这家公司的高层管理人员。至此，对于父亲当年为了供养他上学给他存下的那些钱，他毫不心动，而是连本带息一起还给了父亲。后来，父亲年纪渐渐老了，总觉得打理公司力不从心，真心诚意地邀请他回到家族企业里帮忙，他这才留在了香港，帮助父亲打理家族企业。然而，他始终有一颗不安分的心，始终想要证明自己的能力，做独立的自己。

后来，李泽楷凭借出售卫星电视赚下了人生中的第一桶金——四亿美元。正是用这四亿美元作为启动资金，他成立了一家高科技公司，这标志着他不再帮父亲打理公司，而是开创了与家族企业完全不相干的独立事业。看到李泽楷

· 017 ·

做个有出息的男孩：图解版

选择自立门户，父亲虽然感到非常惋惜，想要将李泽楷留在自己的身边，但是他却一本正经地对父亲说："我要做我自己，而且我要在事业上超过你！"听到李泽楷的离家宣言，父亲心中百感交集，一方面他欣慰儿子如此独立，另一方面他多么希望儿子能留在身边帮助自己啊！最终，事实证明李泽楷做回了独立的自己，在事业上也获得了极大的成功。

很多男孩肯定都希望自己的父亲是李嘉诚，因为这样一来自己就不需要奋斗了，一出生就含着金汤匙。然而，李泽楷却背道而驰，他并不希望自己始终活在父亲的庇护之下，并不希望自己的事业永远也不能超过父亲的高度，所以他选择了做独立的自己，开创属于自己的事业。他离开了父亲温暖的庇护，成为了真正顶天立地的人。

没有谁可以让我们依靠一辈子，父母虽然是这个世界上最爱我们的人，无条件地爱着我们，为我们付出一切，但是父母的保护并不能让我们真正地成长。任何时候，我们都要独立地奋斗，开创属于自己的未来，创造自己的价值，这样才能成为真正的自己。

一个人要想拥有强大的力量，就应该坚持自立；一个人要想获得伟大的成功，就应该坚持自立。一直以来，我们都羡慕那些成功者的光鲜亮丽和头顶光环，却忽略了所有的成功者都经历了漫长的努力拼搏，才能够登上成功的巅峰。尤其是在成功之前，他们更是遭遇了重重磨难。正如一句诗——宝剑锋从磨砺出，梅花香自苦寒来。如果我们从来没有经受磨砺，从来没有忍耐过严寒，我们又如何能具有锋芒呢？又如何能开出傲雪的蜡梅呢？同样的道理，一个人要坚强不屈，自尊自立，才能最终走向成功的巅峰。

很多男孩都缺乏自信，认为自己的能力是有限的，其实这是低估了自己的能力。我们也许会把自己的力量想得太弱，但是现实却告诉我们，我们真正的表现会远远地超出我们的预期。亲爱的男孩们，现在就走出温室吧，现在就走出父母的庇护吧。只有早一天站起来，依靠自己去创造生活，我们才能够真正地成长，才能支撑起属于自己的一片天地。

第二章

有出息的男孩从容自信，迈向成功旅途

自信，顾名思义就是相信自己。相信自己虽然很容易做到，但是很多人并不愿意相信自己，这不是因为他们不想获得成功，而是因为他们对于自己的能力评估过低；也不是因为他们畏惧成功，而是因为他们害怕遭遇失败。真正自信的男孩对自己有着中肯客观的认知，他们深信只要自己坚持不懈，就能成就很多事情，他们深信只要自己努力奋斗，就能够创造很多奇迹。

坚持自己认为正确的事情

普京并非出身于富贵人家,而是普通的工人阶级家庭。在他很小的时候,父母就立志培养他,希望他能够努力学习,成人成才。其实,作为工人,父母对于为何一定要坚持让儿子考大学并不是很明确,但是他们却很确定一点,那就是只有接受高等教育,儿子将来才会有更好的出路,儿子才会拥有与他们不同的人生。在俄罗斯,高等教育是很普及的,所以很少有人愿意放弃上大学的机会,这也使得俄罗斯大学生的比率相当高。

普京对待学习很用功,因而学习成绩非常好。不过,也有人对于普京一心一意想要上大学的这种想法表示质疑,那就是普京的柔道教练拉赫林。拉赫林已经教授普京好几年的柔道术了,他认为即使上了大学也没有什么好的出路,倒不如去考大专,这样至少可以早一点毕业,早一些进入社会,早一些赚钱,也能积累更多的社会经验。

拉赫林对于普京而言是一个很重要的人,普京从11岁开始,就跟随拉赫林学习柔道。为了让普京的父母改变主意,不再坚定不移地支持普京上大学,拉赫林还特意与普京的父母见面,告诉他们根据普京的成绩,他不用参加入学考试,就能被保送到一所高等技术学校接受大专教育。这对于很多人来说都是千载难逢的机会,拉赫林很想让普京父母接受这个机会,这样普京就免于承受考不上大学的风险。万一普京考不上大学,他就必须去服兵役,这对于普京而言可不是一个好的出路啊!

听到拉赫林分析得头头是道,普京的父母也开始动摇,他们认为拉赫林说的很有道理,为何放着有把握的事情不去做,而非要冒险去争取没有把握的事

情呢？在拉赫林的劝说下，普京父母也开始劝说普京放弃考大学，改为接受被保送进入专科学校学习。对于这样的劝说，普京感到非常矛盾。对于他的整个人生而言，这是一个至关重要的时刻。普京很清楚自己必须做出抉择，否则他终将一事无成。经过全方面的思考，普京最终下定决心考大学本科。父母此时只想着普京一旦考不上本科就必须服兵役，因而表示坚决反对。但是普京对此义无反顾，他说："如果我考不上大学本科，我就去服兵役，这没什么了不起的。很多人都去服兵役，我也能去。当然，我会先竭尽全力考大学的。"

在普京的坚持下，父母只好继续支持普京，投入复习，迎接考试。最终，普京顺利考入了列宁格勒大学法学系。对于普京而言，这是他一生之中至关重要的转折点。

当初，如果普京摇摆不定，在父母和教练的联手说服之下选择被保送进入大专学习，那么他就不能考入列宁格勒大学法律系，也就不能迈入崭新的人生。普京之所以能够在政坛上做出如此伟大的成就，与他当年对学习的坚持是分不开的。

在这个世界上，每个人都会面临很多事情，这些事情并不会因为我们的主观意志而发生改变，因为它们是客观存在的。对于这些事情，我们是无法改变的，只能接受。但是，对于那些主观上可以决定的事情，我们则要发挥主观能动性，坚持做自己认为正确的事情，这对于我们而言就是最好的选择。

在通往成功的道路上，无数人摩肩接踵，但是真正获得成功的人却少之又少，这是为什么呢？大多数人在通往成功的道路上都半途而废，甚至有些人还没有迈上成功之路，就已经选择了放弃。这都是因为他们缺乏自信，不够坚持导致的。俗话说，坚持到底才是胜利。要想获取成功，有出息的男孩同样需要坚持不懈，坚定前行。

人生那么漫长，在漫长的一生中，每个人都会经历很多关键时刻。在这种时刻，我们与其征求他人的意见，不如坚持自己的想法，哪怕失败了，我们也无怨无悔。反之，如果我们盲目地服从他人，那么一旦遭遇失败，我们就会感有出息的男孩从容自信，迈向成功旅途 第二章

到懊悔万分。古今中外，无数成功者的成功经历告诉我们，在面对困难和挫折时，他们都敢于坚持，勇于坚持，正因为如此，他们才获得了成功。

让自信成为生命的支柱

从小酷爱文学的刘飞在大学毕业之后，不想按部就班地回老家过三点一线的生活，所以他决定留在自己读大学的城市，应聘工作，开拓人生。

有一天，刘飞在浏览招聘信息的时候发现一家报社在招聘记者，而且给出的薪资待遇非常丰厚，但是条件却很简单，只有短短的一句应聘要求：文采斐然，充满自信。看到这如此简单的要求，刘飞当即就把自己的简历投递了过去。当天下午，他就接到了这家公司的面试通知。

原本，刘飞以为在这么短的时间内来公司面试的人一定很少。但到了报社的大厅之后，他才发现大厅里密密麻麻的全是来应聘的人。原来，这家报社早就发布了公开招聘信息，已经积累了一定的应聘人员，这才统一发出面试信息。刘飞恰好是在面试信息截止前的最后时间里投递了简历，所以才会那么快地收到面试信息。

刘飞粗略估算了一下，在现场等待着面试的有三四百人，但是这家报社只招聘二十人，竞争非常激烈。原本自信满满的刘飞突然忐忑起来，他又仔细观察了周围的面试者，发现在所有被面试者中，形象、气质俱佳的人不在少数，而他的身高却很矮，这是否会影响他被录用呢？一直以来，刘飞并不为自己的身高而烦恼，但是现在面对着一份非常喜欢的工作，他还是很担忧的。原来，刘飞的身高只有166厘米，在男士之中算是比较矮的。尤其是看到那些西装革履的男孩中，有很多人都是一米八几的高个子时，他更是自惭形秽。

在忐忑不安之中，轮到刘飞进入面试的办公室了。刘飞在面试前暗暗地为

自己打气：既然结果不能由我决定，我又何必忐忑呢？我只要好好表现就行！这么想着，刘飞似乎找到了一些自信。进入面试的办公室之后，他对面试官提出的很多问题都对答如流。这个时候，面试官突然话锋一转，问刘飞："你看过我们的报纸吗？"刘飞支支吾吾，原本想蒙混过关，却转念一想：如果我被发现说谎，那么结果岂不是会更加糟糕。他索性坦然地说："我是今天上午才投递简历的，下午就接到了面试通知，所以没有时间看贵报社的报纸。在此之前，我也没有关注过贵报纸。不过，如果能够得到这份难得的工作机会，我想我会成为贵社报纸的忠实粉丝。"听到刘飞的回答，面试官说："既然如此，那下面的问题你也不用回答了，因为下面的问题都是和我们的报纸有关的。先就这样吧，你回去等通知吧！"

听到这样的结果，刘飞很沮丧。他想："我连报社的报纸都没有看过，肯定无缘报社了。"大概过去了两天，刘飞接到了报社的复试通知，他高兴得一蹦三尺高。他想不明白自己没有看过报社的报纸，为何会得到复试的机会呢？但是机会千载难逢，他决定这次一定要好好准备一下。他当即就买了几份报纸，认真仔细地看了起来。次日去面试的时候，还是上次的那个面试官，他又问刘飞："现在可以告诉我，这次你对我们的报纸有所了解了吗？"刘飞胸有成竹地说："当然，我知道贵社的报纸最擅长进行哪些方面的报道，也知道贵社的报纸坚持朴素的表达风格。这与我的文学观念不谋而合，我个人也是喜欢质朴的风格，不喜欢花里胡哨地卖弄语言。"听到刘飞头头是道的回答，面试官满意地连连点头，就这样，刘飞成功进入了报社。

后来刘飞才知道，在那次选拔中，很多人的条件都非常好，他们不但毕业于名牌大学，专业对口，而且还有着相关的工作经验。那么，面试官为何偏偏选中刘飞呢？原来，面试官被刘飞的真诚坦率与充满自信所打动。面对面试官的提问，每一个面试者都说他们看过报纸，但对于面试官接下来的深入提问却又无法回答。只有刘飞坦然承认他在此之前没有看过报纸，并且表示他以后会关注这份报纸，这让面试官非常感动。与此同时，面试官也感受到了刘飞的自

有出息的男孩从容自信，迈向成功旅途 第二章

信气场。

真正的自信是来自于内心的，而非来自于外部。在这个事例中，刘飞原本因为自己没有看过报纸而忐忑不安，也担心自己的身高在竞争中不具备优势，后来却想到自己只有实话实说才能更加从容自信，所以他就选择了坦诚地回答面试官的问题，这说明他具有强大的自信力，也说明他相信自己其他方面的魅力能够弥补他从未看过报纸的不足。刘飞虽然身材相对矮小，但是身形却很挺拔，再加上表现出淡定从容的强大气场，给面试官留下了好印象，而且相信刘飞在工作上将会有很好的表现。

自信并不是与生俱来的，而是在成长的过程中不断铸就的。很多人缺乏自信，对自己会有诸多怀疑，哪怕面对很简单的任务，也不能勇敢地承担起来。反之，有些人则充满自信，他们相信自己能够做得更好，所以就会像自己所期望的那样表现得非常好。有出息的男孩一定要有自信，对于父母而言，要从小就培养男孩的自信心。那么，父母如何才能够提升孩子的自信呢？

首先，挺胸抬头，给人以良好的第一印象。一个人的形象将会影响大家对他的印象，如果一个人弯腰驼背，那么就会给人留下糟糕的印象；如果一个人挺胸抬头，就会给人以昂扬挺拔，坚韧向上的印象。在这个事例中，刘飞虽然身材矮小，但是他的站姿笔直，这就给面试官留下了良好的印象。虽然外在的美并不能代表全部，但是如果我们能够在打造形象方面多多花费功夫，就能起到事半功倍的效果。

其次，面带微笑。很多自卑的人都表情严肃，在人多的公众场合里，他们恨不得躲在角落里不被他人发现。尤其是在生活中遭遇困境的时候，他们更是愁眉苦脸，认为自己根本没有能力战胜困境。在这样的情况下，他们就会越来越畏缩，越来越胆怯。

再次，说话的速度可以慢一点，但是一定要说得准确清晰。很多人在对自己产生怀疑的时候会反复唠叨，重复地说一句话，或者会说得特别快，也有可能结结巴巴。不管是语速过快还是过慢，都不是彰显自信的好方式，最好的

方式是从容地思考，理性地表达，把每一个字都清晰地说出来，让沟通更加顺畅。

最后，保持良好的仪态。良好的仪态指的是身体的姿态，包括面部表情、肢体动作等。很多人一旦感到紧张，就会把手插入口袋里，或者把双臂交叉抱在胸前，这都是一种攻击的姿态，也表明人缺乏自信。要想表现出从容自信的姿态，就一定要以自然的姿态站立，例如，两手放在口袋外面，自然垂在身体两侧，眼睛专注地看着别人，时而给他人以回应，这都是自信的最佳表现。

只有以自信为脊梁，我们的人生才会更加昂扬向上。如果没有自信，人生就无法挺直脊梁，显得非常颓丧，所以我们一定要坚持自信，表现出更强大的力量，变现得更加坚定和勇敢无畏。

是金子，不管在哪里都会发光

公元前260年，赵国被秦国大将白起率领的大军团团围住，陷入困境。一直以来，赵国都不能靠着自己的实力摆脱困境。直到公元前257年，他们的都城邯郸也被秦军围困住，这使得赵国的命运岌岌可危。在这样千钧一发的危急时刻，赵王无奈之下派平原君赵胜出使楚国，想向楚国寻求援助。平原君深知这次出使楚国关系到赵国的生死存亡，所以他非常慎重。临行前，平原君决定选出二十名门客陪他一起出使楚国，一定要成功地游说楚王派出援兵。他深知这个任务非常艰巨，所以在门客中进行挑选的时候，他特别用心。他们甚至在出发前就已经做好了以武力挟持楚王的准备，一旦不能说服楚王做出援助赵国的决定，那么他们就会以武力威胁楚王。总而言之，他们只能成功，不能失败。

当时，平原君的人缘非常好，很多门客都投在他的门下，甚至达到数千

有出息的男孩从容自信，迈向成功旅途 第二章

人。原本，平原君以为自己很容易就能挑选出二十名门客，到了真正挑选可用人才之际，平原君才发现自己门下虽然门客众多，却只能挑选出十九名门客，和他一起出使楚国。剩下的这一个门客到底在哪里呢？平原君非常为难，思来想去也不知道应该带谁去。正在平原君为此而感到发愁的时候，有个叫毛遂的人来到平原君面前，对平原君说："先生，我愿意跟您一起出使楚国。"

听到毛遂这么说，平原君感到很惊讶。他仔细地打量，发现自己根本没有见过毛遂，因而感到心灰意冷。平原君问："毛遂，你来到我的门下多长时间了？"毛遂告诉平原君："我已经来到先生的门下三年了。"平原君听到毛遂的回答，更加失望了，他冷漠地拒绝道："有才的人有着非常尖锐的尖，被装在布袋里，怎么可能不露出来呢？你既然已经投奔我的门下三年了，我却对你毫无印象，这就说明你根本不是一个有才华的人。所以我劝你还是老老实实留在这里吃一碗安稳饭吧，你去楚国并不合适。"

听到平原君的拒绝，毛遂毫不气馁，而是充满自信地问平原君："如果我在布袋里，我当然会露出尖来。但是，如果我不在布袋里，我又怎么会露出尖来呢？"听到毛遂如此机智的回答，平原君对毛遂的印象大为改观，当即答应带领毛遂一起出使楚国。这个时候，先被挑选出来的十九个门客都轰然大笑，他们全都认为毛遂即使去了楚国，也压根派不上什么用场，还担心毛遂会拖累他们呢。但是，毛遂依然表现出充满信心的样子，根本不为大家的质疑所动。

平原君来到楚国之后，很快就见到了楚王，并且向楚王阐明了秦国的威力，以及秦国一旦攻击下赵国，就会对楚国造成怎样的威胁。楚王虽然明白这其中的利害关系，但是楚王生性优柔寡断，所以一时之间根本拿不定主意。眼看着就要日落西山了，平原君心急如焚，这个时候，毛遂仗剑跨上台阶，站到靠近楚王的地方，声色俱厉地质问楚王："合纵抗秦对赵国和楚国都有利而无害，为何楚王不能当机立断呢？"楚王看到毛遂这么无礼，当即勃然大怒，但是毛遂可不害怕楚王。他按着剑又靠近楚王一步，对楚王说："大王，你这样

斥责我，只不过是因为我来到了你楚国的地界。但是你别忘了，我与你相距这么近，就算你们楚国有再多的兵马，我也可以在你的兵马赶到之前一剑杀了你。所以，我可是拿捏着你的性命呢！"听到毛遂的话，楚王脸色突变，接下来毛遂又赞美楚国国富民强，对楚王说了一番恭维话，最终帮助楚王下定了决心。楚王决定和赵国联合起来对抗秦国。十九个门客原本以为毛遂只是滥竽充数，现在得知毛遂劝说楚王成功，看到毛遂对局势起到了这么重要的作用，都大为惊讶。回到赵国之后，平原君向赵王禀告了毛遂的出色表现，赵王给了毛遂重赏，从此之后平原君也对毛遂以礼相待。

如果不是有充足的自信，毛遂深知自己与平原君向来没有交集，只是在平原君的门下而已，又怎么会当着平原君的面自我推荐呢？正是因为有足够的自信，毛遂才能做出这样的举动。

任何时候，自信都是非常重要的。只有自信，我们才能爆发出力量；只有自信，我们才能激发自身的潜能。对于我们而言，自信是通往成功的必经之路，自信也是让我们的成功开花结果的根本力量。人们常说，千里马常有，而伯乐不常有。作为千里马，我们不要只等着被伯乐发现，而是可以积极主动地推销自己，让自己被伯乐发现，得到伯乐的赏识。现代社会中，每个人还可以抓住各种机会，为自己搭建更好的平台，把自己的能力展示给他人看。

一个人只有靠着能力和胆识，才能做成很多了不起的大事。自信恰恰是激发能力、表现胆识的原动力。众所周知，通往梦想的道路是遥远而又漫长的，还会有各种各样的坎坷。在自信的作用下，这些坎坷境遇都不堪一击，我们要像毛遂那样主动绽放自己的光彩。尤其是现在，早已不是酒香不怕巷子深的时代了。酒香也怕巷子深，每个人都需要推销自己，所以我们既要作为金子不管在哪里都发光，也要把自己置身于最绚烂的舞台上，赢得众人瞩目。

大名鼎鼎的成功学大师卡耐基曾经说过，一个人只要有才华，就不要害怕推销自己。很多有出息的男孩都具有自信的优秀品质，而且他们很敢于表现自己，推销自己。与他们恰恰相反的是，有些男孩虽然知道自己是有优点的，也有很多特长，但是他们却不敢在他人面前表现自己，而只敢躲在角落里默默无闻地孤芳自赏。这样的心态，使得他们错过了很多千载难逢的好机会，也与成功失之交臂。才华固然重要，更重要的是要努力展现自己，发挥自己的才华。很多时候，我们不需要让别人来充当我们的伯乐，我们可以自己当自己的伯乐，与其满世界去寻找伯乐，还不如满世界地推销自己。只要我们坚持不懈地做下去，人人都会知道我们是千里马。

推销自己可以分为两个方面来看。

首先，我们可以用语言来推销自己。例如，在面试的过程中，我们通过语言表达向面试官讲述我们的优势和特长，也通过语言表达向面试官陈述我们对于未来的规划，使面试官加深对我们的印象，增进对我们的了解，能给面试官留下良好的第一印象。在学校里，每当班级需要竞选班干部的时候，我们不需要让老师点将，而是可以主动申请竞选，这样就可以让自己得到更多的机会尽情展示。如果竞选非常顺利，那么我们就能得到相应的职位，即使竞选不顺利，我们也有机会锻炼自己的各方面能力，岂不是一举两得吗？

其次，我们除了要用语言来推荐自己外，还可以用实际行动证明自己的能力。举例而言，在班干部的竞选中，我们想竞选班长的职位，可以自信地表达我们的优势，但是如果我们做不到这一点，这就会使我们给人留下很糟糕的印象。因此，即使在成功地用语言推销自己之后，我们也要努力践行自己的承诺，用实际行动证明自己的实力，赢得他人的认可。

总而言之，与其等到在瓦砾下被他人发现，我们不如把自己放到最高的那个地方，让众人都看到我们，关注我们。现代社会，职场上的竞争越来越激烈，我们要像推销最好的商品那样把自己推销出去，也可以说每个人最好的产品就是自己。有出息的男孩们，从现在就开始推销自己吧，你值得拥有更大的人生舞台！

坚持到底，就是胜利

小时候，丘吉尔和旅行团一起到瑞士旅行，攀登阿尔卑斯山。在看到阿尔卑斯山的那一刻，丘吉尔才意识到自家后面的那座小山是多么低矮，阿尔卑斯山又是多么高大。面对阿尔卑斯山的时候，丘吉尔心中打鼓，他想到自己连自家后面的小山都爬不上去，又怎么可能征服这座巍峨的高山呢？在他面前，有一位白发苍苍的老人已经毫不迟疑地开始登山了。虽然他每往上攀登一步都显得非常艰难，但是他却坚定不移，绝不畏缩和退却。看到老人这样的举动后，丘吉尔受到了鼓舞，也勇敢地迈出了登山的第一步。

在登山的过程中，丘吉尔几次想要放弃，但是每当他抬起头来的时候，就看到那位老人依然在他的前方努力攀登。看到老人如此执着，如此勇敢，丘吉尔也坚定了信念。他一次一次地摔倒，又一次一次地爬起来，最终成功地登顶。站到山巅，看着远处，他深深地体会到一览众山小的豪情，也深刻地意识到只有坚持才有希望，只有坚持才能成功。

后来有一次，丘吉尔和伙伴们一起去游泳。他们玩得正开心的时候突然刮起了风，他们的小船被风刮走了。而他们正在湖心，距离岸边还很远。在这种情况下，他们只能拼命地往前游，追赶小船。但是，他们追了很远也没有追上小船。眼看着他们距离小船只有五十多米了，小伙伴们却感到精疲力尽，不想再往前游了。如果不往前游，就意味着生命即将受到威胁，丘吉尔虽然和所有人一样精疲力竭，但是他却鼓起勇气冲着大家喊道："坚持才能胜利！"在丘吉尔的带领下，所有的小伙伴都再次调动全身的力量快速地往前游去，最终游到了小船的旁边，他们获救了。

成长的经历让丘吉尔深刻认识到坚持的力量。在后来的从政生涯中，他率领英国人民抵抗法西斯，不但获得了胜利，也得到了所有英国人民的拥护与爱戴。

前文我们说过，要想获得成功，就要坚持自己的想法。坚持着自己认为正确的做法，才能熬过黎明前的黑暗，迎来真正成功的曙光。

很多时候，成功与失败之间并没有那么明显的分界线，甚至会在突然之间出现扭转性的改变。所以只要我们足够坚持，能够跨越成功与失败的分界线，我们就会获得成功。如果我们不够坚持，在真正要获得成功之前就选择了放弃，那么我们就会彻底地与成功绝缘。还有一些人因为胆怯畏缩，不敢真正地采取行动，这样的人是没有资格获得成功的。我们一定要意识到自己与成功之间的关系是怎样的，我们是正在面对的成功，与成功遥遥相望，还是正站在成功与失败的分界线上，自己却无知无觉呢？当年，爱迪生发明电灯，用了一千多种材料，进行了七千多次尝试。如果他在最后进行尝试的时候因为失败而选择了放弃，那么他就永远也不可能获得成功。幸运的是，爱迪生又多尝试了一次，最终获得了成功。正因为如此，才有人说成功就是比失败更多一次。

在面对成功与失败的紧要关头时，我们一定不能被可能发生的失败吓倒，我们一定要相信自己的能力，做好充分的准备，这样才能距离成功越来越近。越是在艰难困苦的时刻，我们越是要发挥努力的精神，这样才能在追求成功的道路上勇往直前。

成功者与失败者最大的区别在哪里呢？就是失败者尝试了N次，而成功者却尝试了N+1次。在很多情况下，失败者距离成功只有一步之遥，但是他们却因为各种各样的原因颓废沮丧，彻底放弃，不愿意再往前走出这关键的一步。在成功真正到来之前，我们一定要坚定自己的信念，哪怕付出再多，也永不放弃。要知道，只有怀着一颗永不屈服的心，我们才能真正地获得成功。

在心理学领域，有一个暗示的心理效应。在追求成功的道路上，我们要坚持给自己积极的心理暗示，不要给自己消极的心理暗示。所谓积极的心理暗示，就是告诉自己"我能行""我一定能够做到"，而不是告诉自己"我不行""我真的做不到"。当我们坚持对自己进行积极的心理暗示时，当我们排除万难也要坚持时，现实才会给出我们最好的回答。

不要被想象中的困难吓倒

在世界历史上,拿破仑大帝赫赫有名,他英勇无畏,骁勇善战,曾经率军征服了很多地方。当年,拿破仑率领大军四处征战,想取道圣伯纳德关隘,翻越阿尔卑斯山。对于他这样的想法,很多人都嗤之以鼻,这是因为圣伯纳德关隘非常狭窄,路况特别糟糕。有人说,迄今为止,还没有车轮碾过圣伯纳德关隘呢!对于这样的预言,拿破仑丝毫不放在心上,即使部队里有很多人反对他的转移计划,他也绝不动摇。他当即就派出士兵前往探明路况。士兵在到达圣伯纳德关隘探明情况之后,回来向拿破仑禀告,并且详细地描述了那里的重重困难,并且对他说:"想要越过圣伯纳德关隘,简直难于登天。"

即使在士兵亲自勘察圣伯纳德关隘的情况,并且给出了拿破仑详尽的反馈之后,拿破仑也依然毫不退缩和畏惧。他当即大手一挥,号令部队马上前进。虽然拿破仑的身材非常矮小,但是他的勇气却比巍峨的高山还要高,他的气场也是非常强大的。得知拿破仑要做出如此疯狂的举动,奥地利人和英国人都认为他绝不可能成功。因为拿破仑率领的军队有六万人,而且还有很多沉重的武器装备,以及军需品等。他们断言,拿破仑一定会被圣伯纳德关隘拒之门外。

直到拿破仑带领六万人的军队通过了圣伯纳德关隘,人们依然不敢相信他做出了这样的壮举。拿破仑以实际行动告诉人们,只要想做,就没有什么事情是不能做到的。人们之所以被那些困难吓倒,是因为他们在心中先对困难感到畏怯,继而又在行动上产生了退却,他们认为自己是不可能战胜和克服困难的,所以否定了自己。在这样的心理暗示之下,他们止步不前,甚至当了逃兵。

在此之前,有很多军队都有可能通过圣伯纳德关隘,因为他们兵精粮足,有充足的补给和顽强不屈的战士,也有最便利的条件,但是他们却因为心中已经认定不可能通过圣伯纳德关隘,最终选择了绕道而行。和拿破仑相比,他们缺乏的只是决心和勇气。

　　作为男孩，一定要学习拿破仑的精神，学习他勇往直前、无所畏惧、坚持采取行动。即使有再好的想法和计划，如果不能付诸行动，那么这些想法和计划就会变成空想。对于拿破仑而言，他生生地把"不可能"这三个字从他的字典里抠了出去。他相信自己的能力，也相信全体将士的能力，所以他们才最大限度地发挥出自身的潜能。

　　拿破仑曾经说过，不想当将军的士兵不是好士兵，这充分说明了一个人要想做得更好，先要能够想到自己可以做得更好，然后要坚持不懈地去做。如果连想都不敢想，更不敢切实地采取行动，那么只会距离自己的梦想越来越远。对于男孩而言，切勿用思想把自己囚禁起来，而是要勇敢地想象自己可以做到很多事情，也要切实地去做那些事情。即使在此过程中，也许会遭遇失败，但也比无所事事来得好。如果我们能够获得成功，这就是最理想的结果，因为我们的努力得到了最好的回报。

　　很多时候，我们都不是被真正的困难所吓倒，而是被自己想象中的困难吓倒了。这个世界上有很多人，只有少部分人能够获得成功，大多数人都碌碌无为，也有相当一部分人一蹶不振，被失败纠缠。他们之间的区别在哪里呢？那些碌碌无为的人被想象中的困难吓倒了，从来不敢去想，更不敢去做；那些与失败纠缠的人，也许是没有掌握正确的方法，也许是还没有积聚足够的力量；只有那些成功者才是既有胆识去想，也有胆识去做的人，并且在做的过程中能够排除万难，不达目的决不罢休。所以我们一定要摒弃自己想象中的困难。从另一个角度来看，虽然我们现在能力有限，做这件事情未必能够顺利推进，但是如果我们坚持去做，那么随着自身的成长，事情出现转机，我们就能抓住更好的契机，有更好的表现。

　　总而言之，不亲自去试一试，又怎么能知道结果如何呢？为了不给自己留下遗憾，我们不但要试，而且要坚持做到最好，坚持做到最后，坚持获得结果，这才是对自己负责的行为。

成为最好的自己，就是成功

汤姆·邓普西是一个重度残疾的人，他出生之后，父母发现他有一只畸形的右手，左脚只有半只。看到汤姆这样的情况，父母深感不安。但是他们最终意识到，如果汤姆始终活在自己的重度残疾带来的阴影中，那么他的一生就完了。所以父母始终在鼓励汤姆，让汤姆坚信他是一个健康正常的男孩。不管汤姆做什么事情，父母都不会限制汤姆。就这样，汤姆最终能够做到所有男孩都能做到的事情。例如，其他男孩可以快速步行十公里，汤姆也可以做到这一点。这对于汤姆而言只是生活中再寻常不过的一件事情，他并不以此作为对自己的挑战。再如，其他男孩都会踢橄榄球，汤姆不但学会了踢橄榄球，还能用最大的力气把橄榄球踢得很远。虽然左脚的残疾让汤姆踢球的时候有很多不便，但是只要穿上专门设计的鞋子，他就可以弥补自己的缺陷。即便汤姆如此努力，教练还是委婉地拒绝汤姆加入橄榄球队，但是汤姆决不放弃。最终，他打动了新奥尔良圣徒球队的教练，终于加入了新奥尔良圣徒球队。

在新奥尔良圣徒球队中，汤姆的表现特别好，他是全队最认真努力的球员，他的成绩也是非常好的。在一场有6.6万名球迷观看的球赛上，比赛只剩下短短的几秒钟时间了，就在这个关键时刻，汤姆使出了全身的力量，把球踢到了足够远的地方。他在最后时刻为球队赢得了三分，使他们的球队以19∶7战胜了对方的球队。不得不说，这是一个激动人心的时刻，现场6.6万名球迷都为汤姆而疯狂欢呼。这一脚把球踢到了超乎人们想象的距离之外，最重要的是踢出这个球的汤姆只有半只左脚，他的右手还是严重畸形的，这太令人振奋了！

与现场球迷的激动相比，汤姆却表现得非常淡然。原来，他从小就知道自己可以做到什么，所以他对于自己如此超常的表现习以为常，他更是牢记着父母的话，相信自己可以和所有正常的男孩一样做所有事情，创造奇迹，所以他对于自己现在的表现丝毫不感到惊奇。

虽然汤姆·邓普西是重度残疾，但是他却在橄榄球场上达到了生命的巅峰，这是因为他拥有强大的自信，才能成就最好的自己。

对于成功，很多人都有不同的理解，有些人认为成功就是要超越所有人，有些人认为成功就是要功成名就，有些人认为成功就是要赚取金钱。实际上，真正的成功是成为最好的自己，成为自己希望成为的人。对于男孩来说，获得成功就是成为最好的自己，获得成功就是创造最好的人生。

不管我们自身的条件如何，我们都没有必要因为自己在某些方面不如他人而自惭形秽。我们应该有一双善于发现的眼睛，看到自己的与众不同之处。如果汤姆·邓普西可以凭着半只左脚和残疾的右手把球踢到超出球迷想象的远方，我们又有什么事不能做到呢？

每个人对于自己而言都是最熟悉的陌生人，我们每天看着镜子里的自己，也许会感到很熟悉，但是当我们静下心来思考自己到底是一个怎样的人时，却又会对自己感到很陌生。我们应该牢记苏格拉底所说的那句话，我们就是最优秀的，只有我们自己才能把我们从自卑和失意中解救出来，只有我们自己充满信心，才能创造更多的奇迹。

俗话说，金无足赤，人无完人，这告诉我们没有任何东西是完美无瑕的。反过来看，也没有任何东西或者任何人是没有优点和长处的。每个人都既有缺点，也有优点，所以我们要以发现的眼睛看到自己的优势，这样才能发挥天赋，让天赋点燃我们生命的光芒。为了更好地认识自己，我们可以在一张纸上写下自己的优点和缺点，这样我们就能够更好地认知自己，也能理性客观地分析自己的优劣势，从而充分地挖掘自身的资源，让自己变得熠熠闪光。

第三章

有出息的男孩自制自控，成熟稳重掌控世界

一个人如果不能掌控自己，就一定不能掌控世界。有出息的男孩要想掌控世界，首先要学会自制自控，这样才能从稚嫩冲动到成熟稳重，从而真正地做到主宰自己，掌控世界。现实生活中，很多男孩都特别浮躁，不能沉下心来踏踏实实做自己的事情，这使得他们在成长的过程中遭遇了种种坎坷挫折，始终不能如愿。

我家里有钱，想要什么就可以得到什么！
他有什么了不起，还不是靠他爸爸！
美丽的女伯爵，我能邀请您跳支舞吗？
对不起，我从来不喜欢和花花公子打交道！
他独自一人外出求学，从头开始学习基础知识，终于考上了大学，跟从教授从事科学研究工作，获得了博士学位。
NOBEL
获得诺尔化学奖

脚踏实地，淡定从容

维克多·格林尼亚的父亲是一位造船厂的厂长，他的家庭经济条件特别优渥，从来不为吃喝而发愁，想要什么就可以得到什么。这样的顺遂如意让他对生活怀有非常浮躁的态度，他不愿意努力学习，每天就是吃喝玩乐，是一个不折不扣的公子哥。用现在的话来说，他是一个地地道道的富二代！对于格林尼亚的放纵，身边的人都对他指指点点，认为他凭着父亲的努力而过上了衣食无忧的生活，打心眼里瞧不起他。对此，格林尼亚浑然不觉。

有一天晚上，格林尼亚参加了一场舞会。这场舞会是由当地的上流人士举办的，在舞会中，格林尼亚认识了来自巴黎的波多丽女伯爵。看到美丽的女伯爵，格林尼亚特别激动，当即就走过去和女伯爵打招呼。但是女伯爵却对格林尼亚不以为然，她怀着鄙视的态度对格林尼亚说："对不起，我从来不喜欢和花花公子打交道！"听到女伯爵的话，格林尼亚非常心痛，他这才意识到自己这样的生活一直遭人耻笑。从此之后，他发奋图强，想要在学习上有所收获，想要在人生中有所建树。

虽然此时格林尼亚已经二十多岁，早就过了读书学习的最佳年龄，但是他没有放弃。他独自一人外出求学，因为此前落下的功课太多，他不得不从头开始学习基础知识，这使他花费了相当于别人数倍的努力，但是他从来没有想过放弃。在不懈坚持之下，他终于考取了大学，并且认识了巴比尔教授，开始跟从巴尔比教授从事科学研究工作。这样的改变，使格林尼亚发现了自己从未发现的世界。在化学研究领域，他如鱼得水，发表了很多篇文章，而且凭着不懈的努力，获得了博士学位。总而言之，格林尼亚和之前判若两人。最终，他凭着在化学领域的创新获得了诺贝尔化学奖，这个消息轰动了整个法国。女伯爵在病中得知了这个激动人心的消息，特意写了一封信对格林尼亚表示祝贺。最终，格林尼亚付出了一生在化学领域进行研究，最终到达了科学的巅峰。

现实生活中，很多男孩虽然没有开造船厂的父亲，但是他们因为家庭生活条件非常好，从来不为吃喝发愁，从来不为生活担忧，所以他们的心态也会变得非常浮躁。尤其是在很多家庭里，因为只有一个孩子，父母就把孩子视为家庭的独苗。他们把自己所有的爱都投入到孩子身上，其他长辈也总是竭尽所能地为孩子提供最好的条件。这使孩子的心态更加浮躁。有些男孩渐渐形成了以自我为中心的思想，他们任性霸道，想做什么就做什么，很少考虑别人的感受。也有一些男孩贪图安逸和享受，不愿意辛苦地学习，不愿意努力地工作，甚至在长大成人之后也会依靠父母生活，是不折不扣的啃老族。不得不说，孩子成为这样的状态，对于父母而言是非常糟糕的，他们可不希望孩子变成这个模样呀！

如果孩子和父母能够意识到浮躁带来的严重危害，尤其是孩子能够积极主动地改变自己的状态，那么他们就会和格林尼亚一样马上判若两人，一改游手好闲的模样，变得脚踏实地，也认识到学习的重要性。唯有如此，他们在学习上才能有突飞猛进的发展。

当然，人的本能就是趋利避害，人人都喜欢过安逸快乐的生活，而不愿意为了生活不停地努力奋斗。但是，有谁活着是轻松容易的呢？生活的本质就是给予我们各种各样的磨难，就是需要我们不断地攀登高峰，所以男孩们在成长的过程中一定要意识到生活的本质，认清楚生活是需要非常用力才能做好的伟大事业，生活也需要我们靠着努力才能有所改变，虽然我们不能像格林尼亚一样成为伟大的化学家，获得诺贝尔化学奖，但是至少我们可以在自己力所能及的情况下把事情做得更好，让自己在成长的道路上有更为出色的表现，这样我们就能够获得属于自己的成功，实现自己人生的价值和意义。

来自哥德巴赫猜想的启示

抗日战争时期，敌人经常飞机到处进行狂轰滥炸。原本，江苏学院在沦陷区，因为总是被敌机轰炸，终日不得安宁，所以搬到了位于福建省的深山老林里。这里非常偏僻，又因为是山区，飞行条件差，所以敌机通常情况下不会飞到这里。为了给孩子们更好的教育，江苏学院的很多老师和教授不但跟随学院一起搬迁过来，而且看到当地的教育资源紧缺、教育条件落后，主动提出到当地的初高中给孩子们上课。

有一次，一位老师为高中生们讲解了一道难题，这道难题在数学界赫赫有名，因为有很多人都被这道难题难住了。老师将这个故事向学生们娓娓道来。哥德巴赫是一位中学老师，也是一位非常伟大的数学家。在一个偶然的机会中，他发现了每一个不小于六的偶数都可以写成两个素数之和。这个发现让他感到非常欣喜，因而他当即利用很多偶数进行实际检验，最终的结果证实了他的猜想是对的。然而，这个猜想还没有经过完全的证明，所以不能公之于世。为了尽快让自己的猜想得以验证，他专程写信给大数学家欧拉，想让欧拉为他证明这个猜想是正确的。然而，大数学家欧拉虽然在数学领域颇有造诣，却被这个猜想给难住了。直到离开人世，他都没有证明这个猜想。后来，无数的数学家前仆后继，都想证明这个猜想能够成立，但是即便过去了两百多年，数学家们的努力也都付诸东流，因为根本没有人能够证明这个猜想是正确的。

说到这里，老师故意停了下来，同学们听到老师说起这个猜想这么难以验证，不由得议论纷纷。这个时候，老师语重心长地说："哥德巴赫猜想是皇冠上的明珠，人人都想摘取这颗明珠，但是人人都很难如愿。这说明我们距离科学的真相还相差甚远。"

听到老师把这个猜想说得这么玄妙，学生们都不以为然，他们从小学三年级就开始学习奇数和偶数了，也知道素数和合数，所以他们对于老师把这个简单的问题说得如此玄妙，都很不服气，甚至有些同学当着老师的面夸下海口，说要证明这个猜想。老师忍不住笑起来，说："我当然希望你们能够证明这个猜想，我甚至连做梦都会梦见你们之中有人证明了这个猜想，那可真是太伟大了！"

次日，几个同学把他们完成的猜想推算拿给老师，但是老师却不以为然地说："我连看都不用看，除非你们能骑着自行车去月球，你们才能验证这个猜想。要是验证这个猜想这么容易，世界上那么多优秀的科学家，又怎么会花费两百多年的时间都毫无进展呢？"听到老师的话，同学们哄然大笑。这个时候，一名叫陈景润的学生感到内心非常沉重，他深深地意识到这个问题有多么难。后来，陈景润对数学越来越痴迷，在数学的研究上进展得并不顺利，但是后来他得到了华罗庚的赏识，在华罗庚的举荐下，进入中国科学院数学研究所工作。从那之后，他一心一意地想要证明哥德巴赫猜想。果然，功夫不负有心人。在20世纪60年代，陈景润终于证明了一加二，也就是后来的陈氏定理。这个数学难题虽然与哥德巴赫猜想的一加一还相差一步，但是对于整个世界上的数学领域而言，也是个非常了不起的进步了！

陈景润出身贫苦，并没有得到最好的教育，也没有广阔的平台，为何最终却能够走出那个山沟，进入中国科学院呢？这是因为他对数学非常喜爱，也对数学特别痴迷。最重要的是，他能够坚持不懈付出努力，从来不会轻易放弃。在充满磨难的人生中，陈景润还饱受痛苦的折磨，身患疾病，但这一切都没有让他退缩。古诗云，咬定青山不放松，立根原在破岩中。对于陈景润而言，他正是凭着这样的坚韧和毅力，付出了所有的时间和精力，才能做出成果。

哥德巴赫猜想告诉我们，任何事情都有很多可能性，要想验证我们的奇思妙想，我们就必须以严格的精神对待。对男孩来说，他们也有着伟大的梦想。之所以只有极少数男孩实现了自己的梦想，变成了自己希望成为的伟人，就是因为大多数人在成长的道路上从来没有坚韧不拔地去做什么，从来没有打定主意一定要实现什么。

天上从来不会掉馅饼，也没有任何事情是可以一蹴而就获得成功的。对于每一个小小的进步，我们都要付出常人难以想象的努力和坚持。当然，有付出总有回报，哪怕我们并没有得到自己想要的结果，至少我们能够在此过程中积累经验，汲取教训，对于我们而言，这是更为非常宝贵的进步。

面对人生的坎坷困厄，我们一定要有控制自我的精神，一定要积极地去战胜自我。唯有如此，我们才能够在成长的道路上砥砺前行，获得进步，成就自己。

自制是成功的捷径

居鲁士被人们尊称为大帝，更被人们尊称为欧洲之王，这是因为他骁勇善战，打败了很多统治者，歼灭了巴比伦。居鲁士的战绩如此辉煌，在公元前559年底，他成为了米底和波斯国的国王。对于欧洲之王这样的至高称呼，他也是当之无愧的。

一直以来，居鲁士在战场上总是能够得胜，这使他变得非常自信。他自认为是常胜将军，所以对于女王汤米莉丝领导的马萨格泰族非常歧视。他想和以往一样消灭马萨格泰族，拓展帝国的领域。受到这种想法的驱使，居鲁士决定进攻马萨格泰族。

过度的狂妄自信，使居鲁士对于战场的形势乐观估计。他在到达马萨格泰族附近，准备发起进攻的时候，只在营地上留下最弱的兵士，而把其他军队都派到其他地方。与此同时，他还在营地里留下了很多酒肉。马萨格泰族军队趁此机会占领了居鲁士的营地，看到传说中令敌人闻风丧胆的居鲁士军队也不过如此，马萨格泰族产生了轻敌的念头。他们看到居鲁士的营地里有很多香喷喷的肉块，还有很多美味的烈酒，当即不顾危险地大吃大喝起来，这其中还有女王汤米莉丝的儿子。果然不出居鲁士的所料，马萨格泰族的军队在吃饱喝足之后醉得昏昏沉沉，睡得连喊都喊不醒。他们很快地返回营地，轻而易举地俘虏了马萨格泰族的全体将士。

女王汤米莉丝得知居鲁士以这样的方式获胜，感到非常愤怒，她指责居鲁士用这样的卑劣技巧对待他尊贵的敌人，并且喝令居鲁士赶快放了她的儿子。当然，女王也表示愿意出让三分之一的国土给居鲁士。然而，居鲁士不仅仅是想得到这些的土地，而且他对女王的整个王国垂涎不已，因此他根本没把女王求和的话放在心里，也根本没有做出任何回应。让女王汤米莉丝感到痛心万分的是，她的儿子很快就因为不堪忍受作为俘虏的屈辱而选择了自杀身亡。女王汤米莉丝得知这个噩耗，悲愤交加，决定带领全国所有的将士们与居鲁士进行决斗。最终，女王杀死了居鲁士，一雪前耻。

俗话说，兵不厌诈。居鲁士以这样的方式俘虏了马萨格泰族的将士们，包括女王汤米莉丝的儿子，这原本是无可指责的，但是他却被胜利冲昏了头脑，在女王汤米莉丝表示愿意以国土换回儿子的提议下，他依然狂妄自大，不愿意接受女王的和解。他机关算尽，却没有想到女王汤米莉丝的儿子因为不堪忍受屈辱而选择自杀身亡，这使他失去了与女王汤米莉丝谈和的条件。在这样的情况下，女王汤米莉丝带领全体将士奋不顾身地与居鲁士厮杀，最终居鲁士无法抵挡，他的一世英明也就毁于这样的一场战争了。

人人都渴望获得成功，人人都想要追求胜利，然而当胜利接踵而至的时候，我们一定要保持清醒的头脑。在这个故事中，如果居鲁士能够在女王汤米莉丝主动求和时，选择更宽容的方式解决问题，那么他就不会因为这一战而丧失性命。

越是在心情激动、头脑昏沉的时候，我们越是应该保持自制力，保持我们的理性，进行全面的思考和综合的考量。很多人在面对胜利的时候都会产生自满情绪，这是难以避免的，但是我们却要从理智上认识到，这种自满的情绪最终会让我们变得非常被动。作为男孩，固然要追求成功，但也一定要在获得成功的时候更加小心谨慎。俗话说，小心驶得万年船，如果我们因为一不小心而导致船只倾覆在漫无边际的海洋上，那么我们的生命便会受到威胁，甚至会因此而失去所有的退路，毫无回旋的余地。

那么，男孩如何才能克服自满的心理，更加自制，最终走向成功呢？毋庸置疑，自满是一个贬义词，指的是一个人过度自信，骄傲自负。自满的反义词是谦虚，对于为人处事，谦虚是一种非常积极的态度，使我们能够把自己姿态放得低一些，怀着谦虑的态度向他人求教。谦虚让我们在各种得意的时刻中始终保持清醒和理智，也对自己提出更高的要求，从而激励自己继续努力前行，谦虚也让我们不断认识到自己的优势和长处，更看到自己的缺点和不足，从而做到戒骄戒躁，不懈进取。

当我们以自己的优势和长处与他人的劣势和不足进行对比的时候，我们很容易就会陷入狂妄的漩涡之中；当我们把自己的缺点和不足，与他人的优势和长处进行对比的时候，我们又会因此而盲目地自卑。所以，这两种方法比较的方式都是不恰当的。我们应该怀着客观公正的态度看待他人和自己。我们固然要有自信，却要把握好限度，不能自负；我们固然要以各种方式来证明自己的能力，却要始终坚持理性的思考，而不要急于求成。只有不再狂妄，只有真诚谦逊，我们才能踏踏实实地走在通往成功的道路，最终获取自己想要的结果。

掌控自我，掌控世界

作为一家公司的售后人员，聋哑女孩丽丽很好地胜任了她的工作。这是为什么呢？原来，对于其他行业而言，聋哑都是一个不可克服的困难，这对于丽丽的职业生涯产生了很大的影响，但是这家公司的售后岗位恰恰需要丽丽这样的聋哑人士，这样她才能屏蔽客户的各种不满、抱怨甚至是侮辱、谩骂，始终保持平静的心态，面带微笑地面对顾客。要知道，那些顾客前来投诉的时候往往非常愤怒，他们会说出各种各样难听的话，面目狰狞。如果丽丽什么也听不见，那么她就不会受到这些语言的影响。公司的人力资源管理者巧妙利用了丽丽生理上的特点，安排丽丽从事售后服务工作，这使丽丽工作起来并不像其他售后同事那么痛苦。

但是，丽丽终究要解决顾客的问题，她又是如何去做的呢？原来，丽丽有一个助手，这个助手负责把顾客们的各种投诉或建议转化成文字呈现给丽丽看。所以，在白天面对顾客的时间里，丽丽只要面带微笑地站在那里即可，不管顾客说出多么难听的话，她都一直保持微笑，直到顾客们发泄完他们心中的愤怒。看到丽丽如此淡然，顾客们也都不好意思继续指责丽丽了，这个时候，助理再把这些内容以文字的方式呈现给丽丽，那么丽丽就可以更好地来解决问题了。

不得不说，这是一个非常有效的方式。原本，售后部门经常与客户发生矛盾和冲突，这是因为客户虽然从不同的销售员手中购买了产品，但是产品一旦出现质量问题，顾客只能朝着售后人员表达不满。自从换了丽丽作为售后部门的主要工作人员之后，这些矛盾和纷争仿佛在丽丽那无声的世界中全都消散了。对于这样的安排方式，大家全都由衷赞叹，认为这种安排非常绝妙。

没有人能够始终对一个面带微笑的人说出各种各样糟糕的话，所以那些顾客怀着怒气而来，在对丽丽进行指责和谩骂之后离开的时候，往往感到非常羞愧，他们认为自己不应该这样对待丽丽。与此同时，他们对于解决问题也有了更加积极的态度。不得不说，虽然聋哑女孩丽丽表现出来的超强自制是因为她既聋又哑，根本听不见人们的谩骂和指责，也不能做出及时的回应，但是我们却可以从中得到启示，那就是我们作为健康正常的人，能不能听到他人的不满，却依然应该保持和丽丽一样的态度。当我们真正做到了这一点，我们就会成为真正能够掌控自己的人，最终也必然掌控世界。

每个人都应该为自己安装上心理屏蔽器。所谓心理屏蔽器，指的是我们不要把眼睛看到和耳朵听到的所有事情都不由分说地塞入自己的脑袋里，而是应该通过这个屏蔽器进行简单的筛选。例如，我们认为哪些事情是应该关注的、哪些事情是可以屏蔽掉的，这样我们的整个世界就不会再那么嘈杂了，而是会变得清静起来。

每个人的时间和精力都是有限的，如果我们把宝贵的人生完全浪费到听那些闲言碎语和无休止的抱怨上，那么我们是在浪费自己的生命。尤其是当我们因此而陷入暴怒的情绪，无法忍受对自己百般指责和挑剔时，我们的内心就会更加痛苦。为了避免这种情况发生，我们一定要运用好心理屏蔽器，使其产生强大的作用，这样才能保持内心的平静和淡然，也才能集中精力做好我们该做的事情。

很多男孩在进入青春期之后，情绪都特别冲动，一旦遇到小小的不愉快或者遭遇挫折，他们就会因为缺乏自制力而感到非常痛苦。在这样的情况下，他们是不可能获得成功的。有心理学家经过研究发现，人在愤怒的状态下智商会瞬间降低，那么如果男孩不能控制好自己的愤怒，不能发挥自己的聪明才智解决问题，就会因此而饱受折磨。所以男孩要想激发自身的潜能，发挥自己的自控力，坚持做好自己想做的事情，首先应该保持自制。只有自制力才能助力我们获得成功，只有自制力才能让我们坚持做出正确的决策，只有自制力才能推动我们朝着更好的方向靠拢，也能让事态朝着更好的方向发展。

自制力除了要表现在控制愤怒这个方面之外，另一个方面，就是能够督促自己去做好很多事情。现实生活中，很多人因为担心出现糟糕的结果而选择止步不前，也有很多人虽然已经真正地做好很多事情了，但是他们并没有坚持到底。其实，成功与失败之间只隔着很短的距离，如果我们在遭遇失败的困境中选择了放弃，那么我们也就不能迎来转角处的成功。

在生命的历程中，没有任何人会把自己所有的想法都付诸实践，所以我们无须强求自己面面俱到。但是，对于那些真正想做并且下定决心要做的事情，我们却一定要坚持不懈。我们首先应该问清楚自己的心，知道自己想要怎样的人生，也知道自己的动力来源于哪里，这样当我们在做事情的过程中遭遇困难和坎坷，内心的想法动摇的时候，我们就能够努力地说服自己。我们尤其要保持淡然，不要因为外界各种糟糕的境遇而摇摆不定、心神不宁，否则我们就会因此而感到更加为难。

宽容待人，冲动是魔鬼

古时候，有一个当铺的老板为人非常大度，所以他当铺生意很火爆。因为他不是一个只知道赚钱的黑心商人，而是常常能够体验到老百姓的疾苦，友善地对待他人，尤其是在遇到各种挑衅者的时候，他更是能够退一步海阔天空。正因为如此，伙计们都常常抱怨老板太过菩萨心肠，说生意不好做，做了也赚不到钱。对此，老板从来没有改变初心。

眼看着年关将近，来当铺里当东西的人越来越多。正当伙计们都忙着做典当生意的时候，有一个不速之客忽然找上门来。原来，这个不速之客是一个出了名的穷鬼。他游手好闲，从来不努力赚钱，甚至连耕地都荒废了，所以人们看到他都避之不及。当初他来当东西的时候，伙计就不想收他的东西，不想与他做生意，是老板让伙计给他当一些钱，帮助他渡过难关的。

听到伙计和这个穷人在一起吵吵嚷嚷，老板赶紧过来查看情况。伙计对老板诉苦："这个人上次来当衣服，我们根本就不想收他的，他非要当，是您发的话，我们才跟他做了这笔生意。现在他两手空空地过来，要把衣服赎回去，哪有这样的道理啊！不让他把衣服拿回去，他就歇斯底里满地打滚，破口大骂，我们简直没法跟他讲道理。"听到伙计的话，那个穷人更加气势汹汹，索性躺在当铺门口，恶狠狠地说："好吧！既然如此，你们也不要做生意了！"

看到这个人已经撕破了脸皮,毫无尊严可言,老板私下里对伙计说:"人不被逼到一定的程度,是不会这样不顾自己的脸面的,所以我们还是帮帮他吧。你把他当的衣服拿过来,我看看怎么还给他。"伙计极不情愿地拿来了这个人当时当的衣服,老板拿着衣服看了看,走到那个人面前说:"天冷了,你肯定需要穿棉袄,所以把这件棉袄还给你;因为要过年了,你还需要去拜年,所以我把这件长袍也还给你,你去拜年的时候可以穿。至于蚊帐和夏天的两件衣服,你现在都用不着,所以可以先把衣服放在我这里,等到需要穿的时候,你随时来拿,好不好?"看到老板如此宽容,这个人不好意思继续纠缠下去,赶紧拿着棉服和长袍离开了。

当天晚上,这个穷人就死了。原来,他因为日子没法过下去,心灰意冷,所以提前吃了毒药,想要找个人碰瓷,讹一笔钱给家里人用。但是当铺的老板特别宽容,并没有刁难他,也没有和他过多纠缠,所以他感动于老板心地善良,不好意思去坑老板的钱,因而就赶紧离开了当铺,去了其他商家。其他商家看到他如此蛮不讲理,可不愿意宽容地对待他,因而和他纠缠不休,最终他毒发身亡。

得知这件事情之后,很多人都对当铺老板由衷表示赞叹,不知道当铺老板为何能够未卜先知,避开这次灾祸。老板笑着说:"我哪里是未卜先知呢?我只是不想惹恼一个穷凶极恶、被逼到生活绝境中的人而已。能够宽容待人,就尽量宽容一些,我们与人为善,就是与己为善啊!"

对于蛮不讲理的人,如果我们因为一时冲动与他们发生争执,甚至是打闹起来,那么最终吃亏的会是谁呢?虽然我们占据了道理,但是如果事情发展到无法挽回的程度,那么我们就会与对方两败俱伤。所以我们一定要保持理性,不要总是冲动行事。很多青春期的男孩都容易陷入冲动的状态,那么就要有意识地控制好自己,而不要让自己因为冲动做出糟糕的举动,导致严重的后果。

人们常说,冲动是魔鬼,这是因为冲动对于解决问题丝毫没有好处,甚至还会导致问题变得越来越糟糕。在冲动的状态下,我们会失去理性,也会做出

极端的事情，要想避免这种情况，就一定要保持冷静，切勿冲动，也要心怀宽容，不要与别人斤斤计较。正如当铺老板所说的，与人为善就是与己为善，当我们能够做到宽容地对待他人，我们自己也会在无形之中避开很多灾祸，得到福报。

平静的心灵是人生最宝贵的财富，一个人只有真正做到自我控制，才能保持心态平和。人生就像是大海，如果大海风平浪静，那么我们就可以欣赏海面上美丽的景色；如果大海总是掀起狂风巨浪，波涛汹涌，那么我们就无暇观看那些景色，我们的生命也会在狂风巨浪之中失去从容的状态。作为有出息的男孩，一定要学会控制情绪，学会控制自我，这样才能够在努力付出之后获得更多宝贵的收获。

冷静沉着，才能坚持自制

在印度，曾经发生过一件事情。在这件事情中，一位女性表现出了令人钦佩的沉着与冷静，所以才避免了伤害。正是因为这个故事，这位女性受到了很多人的赞誉。

这位女士的丈夫是英国殖民地的官员，正值假期，她和丈夫一起邀请了很多客人来到家里做客。他们的餐厅非常宽敞，非常奢华。在这个宽敞的餐厅里，他们正在举行盛大的晚宴。

宴会上，大家觥筹交错，轻松地交谈，气氛非常融洽。有一位上校说起现代社会的女性还和以前一样不能做成大事时，这位女士表示不认可。她认为女性已经发生了很大的改变，她们不再像以前那样完全依附于丈夫，而且她们在遇到很多事情的时候也能保持沉着冷静。显而易见，上校并不认可这位女士的观点，因而与女士展开了激烈的争辩。

正当上校和女士各抒己见的时候，坐在一侧的自然学家发现女士的表情突然出现了很奇怪的变化，她满脸惊恐，目光僵直。自然学家循着女士的目光看去，并没有发现什么异常，他感到非常纳闷。自然学家并没有把这件事情说出来，他原本以为这位女士只是因为争辩而导致情绪激动，很快，这位女士挥手叫来了仆人，并且对仆人耳语了一番话。仆人听到女主人的话之后也面色大变，并且很快地走到厨房里拿了一碗牛奶，放在走廊上。看到这位仆人的举动，自然学家大感惊恐，原来印度人一旦发现屋子里进入了毒蛇，就会用一碗牛奶诱使毒蛇主动地爬出屋子。自然学家意识到这一点之后，当即抬头观察屋顶，他看到屋顶只有不加任何修饰的房梁，看起来自然拙朴，并没有毒蛇的踪影。随后，他又看向餐厅的角落，发现有三个角落都是空空荡荡的，第四个角落里则站满了仆人，正在给大家上菜。经过这样的一番巡视之后，自然学家更加感到毛骨悚然：既然毒蛇没在其他地方，那么就一定是在餐桌下面。自然学家意识到这一点之后，第一反应就是想赶紧逃之夭夭，并且向其他人发出警示。但是他突然想到，毒蛇一旦受惊吓就会攻击人，所以他决定继续保持纹丝不动的姿态。与此同时，为了避免有人因为乱动而惊扰了毒蛇，他决定号召大家做一个小游戏。他面色严肃地告诉大家："现在，为了考验谁的自控力最为强大，我们要进行一个有趣的小游戏。我将会用五分钟的时间数数，从一数到三百。在此期间，谁能够保持纹丝不动，说明他的自控力非常强大。如果有人动了一下，就要接受惩罚。好吧，现在开始！"

自然学家声名显赫，很有权威，所以大家当即都加入了这个游戏。自然学家开始缓缓地数数，所有人都像雕塑一样纹丝不动。当数到二百七十八时，自然学家看到那条眼镜蛇爬到了门口，正在爬向那碗牛奶呢！他如释重负，继续数数，直到看见蛇已经爬出了客厅，他当即飞奔过去关上了走廊的门。看到自然学家异常的举动，大家才发现了那条游走的毒蛇，全都大惊失色，面色苍白。这个时候，男主人感慨地说："看来上校说的是对的，在这样的危急时刻，只有男人才能做到镇定从容，才能成为我们大家学习的榜样和楷模。"

这个时候，自然学家突然制止了男主人的感慨，他转过身毕恭毕敬地向着女主人鞠了一躬，问女主人："请问，尊贵的女士，你是怎么知道桌子底下有一条毒蛇的呢？"女主人的脸上浮现出骄傲的神情，她微笑着说："因为我感觉到我的脚背凉飕飕的，我意识到有一条蛇正在从我的脚背上爬过。"女主人的话音刚落，那位说女性和以前一样容易惊慌失措的上校感到羞愧极了，男主人也当即拥抱了自己的妻子，为她感到骄傲。

　　如果正如上校所说的，女性和之前一样，哪怕只看到一只老鼠，也会惊讶地从椅子上跳起来，那么如果毒蛇受到惊吓，受伤的人也许不仅仅只有女主人一个。女主人以自己的实际举动向客人证明了现在的女性的确已经有了很大的改变，她们不再那么惊慌失措。作为男孩，在生活中也要保持沉着冷静。生活中总是有各种各样的意外发生，常常使我们措手不及，惊慌失措并不能够帮助我们真正地解决问题，反而会使我们受到更多的伤害，也会因为延误时机而导致事态发展更加严重，所以我们一定要戒掉惊慌失措的坏习惯，才能更加从容不迫地应对很多事情。

　　古往今来，每个成就大事的人都有着超强的自制力，也有着顽强的意志力。对于他们而言，正是因为具有这样的品质，他们才能做到临危不乱，临危不惧。男孩要锻炼自己的意志力，让自己更加自制，始终保持沉着冷静，在日常生活中遇到突发情况的时候，男孩的第一反应不应该是慌乱，而是应该想一想如何解决问题。唯有以这样的态度面对问题，男孩才能渐渐地提升自己的理性。此外，还要借助于各种各样的机会参加实践，积累丰富的经验，这样才能见多识广。人们常说井底之蛙从未见过天，当我们能够把整个世界装在心中，我们也就不会因为一些小事情而大惊失色了。

第四章

有出息的男孩敢于承担，顶天立地行走天下

　　一个人如果没有责任心，在遇到很多难题的时候，就会情不自禁地畏缩退却，这往往会导致一事无成。只有敢于承担，男孩才能顶天立地地行走天下。越是在遇到艰难坎坷的时候，越是应该勇往直前。虽然我们自身的能力是有限的，但是机遇等外部因素也不容小觑，尤其是我们还可以借助他人或者是团队的力量来创造奇迹。总而言之，有出息的男孩只有敢想敢干，才能闯出自己的一片天。

一起来玩啊！
在池塘的深处，更容易
钓到鱼，但是要站在淤泥中。
咱们偷偷把别人家
用来建造新房的石头
搬来，做个小码头吧！
你犯了错误，
就应该承担责任，
我会积攒零花钱，
弥补新房主人的损失。

做敢于担当的男孩

在富兰克林很小的时候,他就爱上了钓鱼。在他家的附近有一个磨坊,紧挨着磨坊,有一个很大的池塘。每当有闲暇的时候,富兰克林就会去池塘边钓鱼,他花费整个下午的时间坐在池塘边一动不动。其他的孩子都在快乐地玩耍,富兰克林却能够静下心来,享受钓鱼的乐趣。随着钓鱼的经验越来越丰富,富兰克林发现在池塘的深处,更容易钓到鱼。但是钓竿的长度毕竟是有限的,他要想深入池塘,就要卷起裤管,走到池塘里,站在淤泥中。

有一次,富兰克林和很多小伙伴们一起在池塘钓鱼,这次他们全都没有坐在池塘边,而是站在池塘边缘的淤泥中。淤泥非常深,已经淹没了他们的小腿。站的时间久了,他们都觉得很难受。这个时候,富兰克林提议可以用附近人家建造新房的石块搭建一个码头,这样他们下一次就可以在深入池塘中的码头上钓鱼了,而不用站在淤泥里。想到这个一劳永逸的方法,大家马上积极响应,纷纷准备去搬石头。当然,他们知道那些石头是别人家用来建造新房的,所以他们不敢明目张胆地占用。直到夜幕降临,天色一片漆黑,他们才相约着一起搬运。

想到很快就有码头可以用了,孩子们全都兴致盎然,每个孩子都爆发出强大的力量。一个晚上过去了,他们搬运了很多石块填入池塘里,很快就建造起了一个码头。他们累得精疲力尽,却开开心心地回家去了,因为他们明天就可以在码头上钓鱼了。但是等到第二天天亮,工人们发现工地上的石块儿全都不见了,不由得感到很惊奇。他们仔细寻找,循着孩子们的脚印,发现石块都进入了池塘里,变成了钓鱼的小码头。幸运的是,这个新房的主人非常宽

容,他没有追究孩子们的责任,反而认为孩子为了钓鱼如此吃苦耐劳是值得赞赏的。

富兰克林的爸爸知道了这件事情之后,严厉地训斥和批评了富兰克林。富兰克林明白自己犯了错误,因而感到非常羞愧,不敢向爸爸表示反驳。在被爸爸训斥之后,他才辩解说自己是为了所有的小伙伴才会做出这样的举动。爸爸义正言辞对富兰克林说:"你犯了错误,就应该承担责任,而不是推卸责任。不管你因为什么原因,偷窃别人的石头来建造码头都是错误的。"后来,爸爸责令富兰克林向新房的主人道歉,并且要求富兰克林积攒零花钱,弥补新房主人的损失。这件事情给年幼的富兰克林留下了深刻的印象,他始终牢记着父亲的教诲,这些良好的品质为他以后能够成为美国伟大的外交官和出色的政治家奠定了基础。

如今,有很多父母都非常溺爱孩子,每当发现孩子犯了错误,他们非但不会指责,更不会为孩子指出错误,也不会因此而惩罚孩子。还有些父母更为过分,他们会为孩子做好善后的工作,代替孩子承担责任。在父母这样溺爱之下,孩子的责任心会越来越差,他们甚至毫无承担责任的意识。

每个人都有属于自己的责任,每个人都应该勇敢地承担起自己的责任。拥有责任心的人在做事情的时候会倾尽全力,努力做到最好。如果没有责任心,他们就会认为自己不管怎样表现都可以,那么做事情也就不能做到极致。哪怕是为了看似正当的目的,我们也不能做出出格的事情,就如故事中的富兰克林。虽然他是为小伙伴们考虑,但是他带着小伙伴们偷偷使用建造新房的石块,而没有事先征求主人的同意,这本身就是一件大错特错的事情。幸好爸爸没有包庇富兰克林,而是给予了他严厉的批评和训诫,所以富兰克林才能以此为戒,再也没有犯过同样的错误。

具体来说,男孩应该如何做才能成为勇于担当的人呢?

首先,男孩应该形成责任感。责任感,指的是一个人为自己所做的事情负责的心。如果遇到事情只会推卸责任,认为自己毫无责任可言,而认为所有的

错误都在他人身上，那么男孩就会失去行为边界，非但不会认识到自己该做哪些事情、不该做哪些事情，也会导致同样的错误反复出现。所以，培养责任感是非常重要的。

其次，要有明辨是非的能力。在这个事例中，富兰克林认为自己是为了小伙伴们钓鱼着想，所以才会做出错误的举动，因而认为自己是应该被原谅的。实际上他因为怀有这样的想法而无法区分自己的责任，也不能判断自己的行为是对还是错。只有具备明确的是非观念，我们才知道自己的责任到底是什么。

再次，要敢于承认错误，要真诚地道歉。很多孩子在发现自己犯错之后，第一时间就想要逃避，甚至在被别人指出错误之后，也会想方设法地为自己辩解，而不敢承认自己的错误，更不敢真诚地向他人道歉。这是一种非常糟糕的态度。

最后，要从失败中汲取经验和教训，避免下次再犯同样的错误。犯错误并不可怕，只要我们能够从错误中获得教训。如果我们总是犯同样的错误，接二连三地犯错误，那么这样的错误对我们而言是毫无意义的。男孩一定要从错误中汲取经验和教训，这样才能让自己通过犯错有所成长，也才能让不同的错误产生最积极的影响。

没有机会，就创造机会

众所周知，希尔顿是世界连锁酒店。其实，希尔顿酒店的创始人拉德·希尔顿童年的生活并不如意。他的父亲在一家小镇上开了一家非常小的旅馆，当时希尔顿才十岁，就要在家里做各种各样的杂活，还要帮忙照顾旅馆的生意。每天他早早地起床，一直忙到满天星辰，即使在夜间，因为有两趟火车到站，

他还要去火车站里招揽生意。由于睡眠不足，他总是非常困倦。父亲往往需要喊他好几遍，他才能勉强起床。他在半夜里起来，睡眼惺忪地去火车站招揽顾客，非常辛苦。

渐渐长大后，希尔顿就接替了父亲的生意，开始经营家庭小旅馆。当时，希尔顿对于经营旅馆并不感兴趣，他认为银行家是一个非常好的职业，因为银行家西装革履，风度翩翩，非常成功。为此，他费尽周折开了希尔顿银行。他的银行才刚刚开业，就因为第一次世界大战的爆发，彻底宣告破产。

后来，希尔顿去军队里服役。他服完兵役已经三十一岁了，对于大多数人而言，三十而立，但是希尔顿还是一事无成，他感到非常迷茫和彷徨。正在这个时候，他得知有个银行要转卖，所以东拼西凑地筹钱，准备去买下银行，实现自己成为银行家的梦想。却没想到卖家临时变卦，他的银行家梦想再次落空了。希尔顿费尽周折也没有做成自己的事业，感到很绝望。

一个偶然的机会，他住进了莫布利旅馆，发现莫布利旅馆里顾客盈门，生意非常火爆，这与他印象中父亲开旅馆时生意惨淡的情形完全不同。住在莫布利旅馆里，希尔顿发现这家旅馆服务的态度很不好，对客人很不客气。他暗暗想到：如果能够改善经营的理念，对客户的服务更加周到，那么旅馆的生意岂不是会更好吗？在和旅馆老板攀谈的过程中，他得知旅馆的老板早就想转卖这家旅馆，只是一直没有找到接手的人而已。希尔顿抓住于这个机会，用原本准备买银行的钱买下了这家旅馆，经营起来。

这是希尔顿酒店的第一家旅馆，从此之后，希尔顿就开启了经营酒店的生涯。后来，他在全世界范围内建立了酒店王国，使希尔顿酒店成为了举世闻名的连锁酒店。

人们常说，机会总是青睐有准备的人。对于希尔顿而言，他虽然做好了准备要成为一名银行家，但是几经挫折也没有真正成为银行家，直到他想要买下一家银行，卖家却临时变卦后，他居然机缘巧合地买下了莫布利旅馆，这为他未来的职业发展奠定了基础，也使他在经营酒店的道路上迈出了至关重要的第

一步。

其实，希尔顿是一个非常有心的人。在和旅馆老板聊天的过程中，他发现旅馆老板对顾客很不耐烦，不愿意为顾客提供更好的服务，最终从旅馆老板那里得知他早就想卖掉这家酒店，这样一来他就有了机会，也可以说这个机会是希尔顿自己发掘出来的。

人人都渴望得到千载难逢的好机会，从而获得成功。对于希尔顿而言，如果没有机会，就应该努力地创造。希尔顿起步并不早，他从军中服役回来已经三十一岁了，却依然没有找到人生的方向，但是他的心始终是想要创一番事业的。这使他能够抓住机会，最终成就酒店王国。

机会不但属于那些有准备的人，也属于那些勇敢创造机会的人。虽然得到千载难逢的好机会是因为获得了好运气，但是如果能够创造适合自己的机会，则更是一种幸运。作为有出息的男孩，我们不要总是怨天尤人，要想创造出色的人生，就一定要时刻保持警醒，也要对人生怀有积极主动的态度。要知道，天上不会掉馅饼，世界上也没有免费的午餐，虽然有些人偶尔会因为得到了好机会不劳而获，但是对于大多数人而言，要想获得成功，就必须坚持努力，就必须坚持不懈，这样才能真正地获得机会。

从希尔顿的经历中，我们也可以发现一点，那就是在嗅到机会的苗头时，我们还应该当机立断，做出正确的决断，做出坚定不移的选择。一开始，希尔顿一心一意想要成为银行家，并且在几年的时间里始终梦想着成为银行家。但是，在得知自己的面前正摆着一个好机会的时候，他当即就改变了想法，决定从事旅馆经营行业。正是因为如此，他才能通过收购旅馆，开启自己的成功之路。

这何尝不是一种创造机会的表现呢？现实生活中，很多男孩只忠于自己的梦想，即使面对更好的机会，他们也不愿意改变梦想，因此而彻底失去了机会，这是非常让人遗憾的。西方国家有句谚语，叫作条条大路通罗马。对于男孩而言，要意识到人生中有各种各样成功的途径，一条路走不通，我们可以换

一条路再走。只要坚持不懈，我们总能找到一条适合自己的道路。

凡事总有第一次

　　克里蒙·斯通是美国保险业的巨头，他之所以有如此伟大的成就，并不是因为他有显赫的家境和突出的背景。其实，斯通小时候的成长经历是很坎坷的。在他很小的时候，他就失去了父亲，等到少年时期，他不得不外出挣钱，帮助妈妈养活全家。小小年纪的他为了谋求生存，总是拿着报纸去各个地方叫卖，有的时候还会被人毫不客气地赶出来，甚至有的人还会对他拳打脚踢，这使得斯通感到非常屈辱。但是，为了生计，他从来没有放弃过努力，一直都在坚持着。

　　在斯通十几岁的时候，妈妈开了一家保险经纪社。所谓保险经纪社，其实就是保险经纪公司，主要负责帮保险公司推销保险。每卖出一份保险，保险经纪社就可以获得一笔佣金。斯通亲眼看到妈妈推销保险有多么困难，保险经纪社刚刚开业的时候生活多么艰难。妈妈作为唯一的保险推销员总是处处碰壁，直到后来生意才渐渐有了起色。从十六岁开始，斯通就和妈妈一起推销保险。想到自己有可能会被拒绝，他迟迟不敢进行尝试，尤其是在遭遇闭门羹之后，他还会想起自己当年卖报纸被人拳打脚踢的情形。但是他知道自己没有退路，因而最终逼着自己走进了高高的写字楼。虽然刚开始的时候，斯通只能推销出去金额很小的保险，赚取几美元的佣金，但是他却感受到了自己的勇气。从此之后，他在推销保险的道路上越走越远。有的时候，仅仅一天的时间里，斯通就能卖出几十份保险。

　　后来，斯通开了一家更大的保险经纪社。虽然保险经纪社成立之初只有他一个推销员，但是他却从不气馁，最终把保险经纪社发展壮大，不但拥有了几

千名员工，他自己也成为了美国联合保险公司的董事长。如果不是因为妈妈当年成立了保险经纪社，斯通也许不会逼着自己迈入保险行业。

男孩在做很多事情的时候，也许会和斯通一样感到很危险，毕竟男孩还没有真正长大成人。退一步而言，即使真正的成人，在面对很多挑战时，也难免会感到胆怯。所以作为男孩，一定要更加积极主动地勇敢面对困难，一定要无所畏惧地坚定前行。

毋庸置疑的一点是，每个男孩都渴望获得成功，害怕承受失败，但我们不能因此就不敢尝试，固步自封。只有勇敢地尝试，我们才能战胜内心的胆怯，也只有勇敢地尝试，我们才能在成长的道路上执着前行。

俗话说，办法总比困难多。在遭遇困境的时候，我们不能总是绕过困难，而是要积极地想办法解决它。虽然每个人都有畏难情绪，但是只有战胜自己，我们才能接近成功。有的时候，把我们吓住的并不是真正的困难，而是我们内心里对自己的否定和怀疑。当我们发自内心地战胜自己，真正突破了困扰我们的门槛和障碍时，我们就能够突破第一次，也就能够获得更多次的成功。相信在这样一次又一次追逐成功的过程中，我们会不断地挑战自己，超越自己，成就自己，也会距离成功的巅峰越来越近。

反之，如果我们总是畏手畏脚，面对困难就选择逃避，那么日久天长我们的胆子就会越来越小，内心的恐惧会不断地膨胀，使我们始终不敢突破内心的局限。越是如此，我们的成长就越是会处于停滞的状态。既然凡事都有第一次，既然我们注定要经历第一次，那么我们何不以主动的姿态迎来第一次，让第一次来得更早一些呢？当我们熬过了第一次的艰难困境，我们就能够迎来再一次的从容不迫，这对于男孩而言是最大的进取。

功夫不负有心人

当年，西班牙殖民者在殖民地掠夺了大量的财富之后，就把这些财富用船只运回西班牙。因为路途遥远，所以西班牙的殖民者在用船队运送金银财宝的过程中要冒着很大的风险，海上不但时时掀起狂风巨浪，而且还有海盗出没。为了抵御海盗的攻击，他们给每一个船队都配备了护航船，护航船上不但有金银财宝，还有大炮，以及很多其他的重武器。在诸多的护航船中，阿托卡夫人号护航船是一艘配备非常高昂的船只，也成功地完成过很多次护航任务。

有一次，有一只大型的装满金银财宝的船队从南美起航，踏上了返回西班牙的航程。这支船队的护航船就是阿托卡夫人号。这支船队本身非常庞大，由二十九艘船只组成，所以很少有海盗敢打他们的主意，但是飓风可不像海盗一样会看人行事。虽然这支船队实力强大，但是飓风却依然刮个不停。面对飓风，那些足以让海盗闻风丧胆的大炮完全失去了威力，在到达加勒比海海域时，船队的后五只船被飓风袭击了。

在这五艘船里，阿托卡夫人号因为体型庞大，航行速度很慢，所以无法灵巧地避开飓风，因而飓风首先淹没了阿托卡夫人号。看到这样的情形，其他船只上的水手全都跳入水中，想从阿托卡夫人号上抢获一些金银财宝。然而，他们才刚刚跳入水中，准备潜入海底去搜刮阿托卡夫人号时，更大的飓风袭来了。就这样，那些跳入水中的船员和阿托卡夫人号一起被飓风卷入了海底，再也没能浮出海面。

有一个叫梅尔·费雪的人是从事海底沉船打捞业务的，他虽然打捞起了好几条西班牙沉船，获取了大量的利益，但是却从未找到阿托卡夫人号的踪影。虽然梅尔·费雪已经到了该退休的年纪，但是他始终惦记着阿托卡夫人号的下落，他一心一意想要找到这艘载满财富的船，所以他带着自己的儿子、女儿一起下水进行搜寻。在三十年的时间里，他们一直没有停止寻找，最终他们找

到了这艘传说中的宝藏之船。这艘船果然如他们所料想的那样，载有大量的财富。终于，梅尔·费雪如愿以偿了。

虽然很多人都打阿托卡夫人号这艘宝藏之船的主意，但是真正能够找到它的人，只有梅尔·费雪。梅尔·费雪到了退休年龄的时候依然没有放弃，而是带着自己的儿子、女儿继续寻找阿托卡夫人号。在整整三十年的时间里，他对阿托卡夫人号念念不忘，从未放弃，最终找到了阿托卡夫人号。如果他们在这三十年里有过任何动摇或者决定放弃的时刻，那么阿托卡夫人号注定要继续在黑暗的海底沉默很多年。这与我们中国常说的故事中的道理不谋而合——只要功夫深，铁杵磨成针。

相传，李白小时候非常顽皮，不想学习，因而常常在上课的时候偷偷溜出去玩。有一次，他来到河边溜达，遇见了一位老婆婆正拿着一根铁杵在石头上打磨。他不知道老婆婆在做什么，因而询问老婆婆，老婆婆却说自己在磨针。听到老婆婆的回答，李白感到纳闷极了。他问老婆婆："铁杵这么粗，怎么可能磨成那么细的针呢？"老婆婆却笑着说："只要我一直坚持磨，总能把它磨成针。"老婆婆的话让逃学的李白感到非常羞愧，从此之后，他再也不逃学了，而是认真地读书学习，因为他的心中始终想着"只要功夫深，铁杵磨成针"的道理。

不管做什么事情，我们都不可能轻而易举地获得成功，甚至还会遭到很多坎坷磨难。在这样的情况下，一味地抱怨是不能解决问题的，如果我们信心动摇，选择放弃，那么还会遭遇更彻底的失败。所以我们必须要有一颗恒心，不管任何时候都应该认准目标，坚持不懈，只有达到目的才能善罢甘休。如果拥有这样的精神，男孩还怕不能获得成功吗？

有些男孩在做事情的时候总是虎头蛇尾，三心二意，一旦遇到困难就会选择放弃，这使得他们与成功绝缘，常常被失败纠缠。为了培养恒心，男孩在做事情的过程中应该矢志不渝，迎难而上，越是面对困难，越是坚持不懈，勇往直前。相信当男孩坚持这么做的时候，一切都会有更好的改变。

作为父母，在培养男孩恒心的过程中，要多多鼓励。有些父母看到男孩在某些方面表现得不够好，就会禁止他们继续去做，或者劝说他们放弃，长此以往，男孩如果连小事都做不好，又怎么能够做成大事呢？古人云，"不积跬步，无以至千里，不积小流，无以成江海"。对于男孩的成长而言，同样是这个道理，所以父母一定要支持、引导男孩从生活中的小事开始做起，这样男孩将来才能成为栋梁之才，实现自己远大的理想和志向。

为自己的错误买单

张强大学一毕业就进入了一家公司上班。他住在郊区，因为郊区的房租比较便宜，但是公司却在市中心，这使得他每天通勤的时间很长，仅仅单程的时间就要在一个半小时左右。但是，他又不能卡着点出门，万一一个半小时到不了公司，迟到的后果也是很严重的，所以他每天都要提前两个小时出门，才能赶在上班之前三十分钟左右到达公司。有的时候遇到堵车，他只能一路狂奔才能勉强赶到公司打卡。对于这样的生活，张强感到非常疲惫。有的时候，他过于困倦，早晨闹钟响好几遍，也起不来床。

随着天气越来越寒冷，张强早上起床变得更加困难。原本，他只是困倦，现在还有寒冷的成分在里面。北京的冬天温度很低，他所住的平房又没有暖气，早晨起床的时候从温暖的被窝里出来，对他而言简直就是一种酷刑。这天早上，闹钟整整响了三遍，张强才终于从被窝里挣扎着起来了。一看时间，他不由得打了一个激灵。因为此时距离上班只剩下一个半小时了。这意味着他必须一路飞奔，否则他就有可能迟到。当然，他即使一路飞奔，如果遇到堵车，也是会迟到的。果然不出他的预料，他到达公司的时候已经迟到了十分钟。部门经理当即宣布扣掉张强当月的绩效奖，张强感到非常苦恼，当即找到部门经

理，想让部门经理体谅他生活艰难。但是，部门经理斩钉截铁地说："你必须为迟到付出代价。"

看到部门经理铁面无情，张强很不理解，一整天都郁郁寡欢。后来，一个老员工告诉张强："我也和你一样，曾经因为迟到而被扣掉一个月的绩效奖。但是从那次之后，我再也没有迟到过，因为我知道了不管我怎么解释，迟到都是我自己的责任。所以部门经理看似严苛，其实是为了你好。相信在有了这次的教训之后，早晨起床哪怕再困难，你也会按时起床的。"

听了老员工的劝说，张强这才意识到自己解释迟到的借口是多么牵强附会。从此之后，他不管自己多么困倦，也不管天气多么寒冷，真的再也没有迟到过。

每个人做任何事情都有原因，如果我们在做错了事情之后就以各种理由为自己开脱，那么日久天长，又有谁会为自己的行为负责呢？对于男孩来说，要想成为顶天立地的男子汉，一定要学会为自己的错误买单。虽然有的时候我们会为自己的错误付出惨重的代价，但既然错误是我们自己犯下的，那么付出这样的代价不正是我们应该承受的吗？

所以不要抱怨别人不肯原谅我们，更不要指责别人不能好心地免除对我们的惩罚，即使别人愿意免除对我们的惩罚，我们也应该坚持接受惩罚，从而警醒自己。这样，这次错误对于我们而言才是有意义的。

毋庸置疑的一点是，人人都会犯错误，人人都会需要承担责任，不管是高高在上的领导者，还是每天辛苦工作的普通员工。我们既要原谅自己的错误，也要学会从错误中吸取教训，在学习、工作和生活的过程中，既要与错误相依相伴，也要踩着错误的阶梯努力向上，获得成长。

学会为自己的错误买单，具体表现在以下三个方面。

首先，我们应该对自己的行为负责。如果我们的行为导致了严重的后果，那么我们不要辩解，而是要第一时间承认自己的错误，向他人真诚地道歉。

其次，我们在为自己的行为负责时，要付出代价。付出代价也许会让我们

感到很痛苦，但是这样的痛苦是我们必须承受的，毕竟我们不管有什么原因都不应该忘记自己的职责，更不应该牵连其他人与我们一起承担后果。

最后，知道自己犯了什么错误，一定要积极地改正。俗话说，不要在同一个地方跌倒两次，在犯了错误遭到惩罚之后，如果我们下一次还因为犯同样的错误而遭到惩罚，那么对于我们而言是非常可笑的。在犯错之后，我们应该获得对错误的免疫力，才能表现得更好。

第五章

有出息的男孩勤于思考，处处留心皆学问

大脑使我们思考，而只有思考，我们才能够学习，只有学习，我们才能够解决问题，只有解决问题，我们才能够获得成长。有出息的男孩一定要勤于思考，尤其是在面对难题的时候，切勿让自己等待着被动地解决问题，而是要积极主动地想出各种方法面对难题，战胜难题，这样才能坚持自我成长，获得最终的成功。

唉，悉尼歌剧院的设计还是没有灵感……
还是先切个橘子吃吧……
何不把悉尼歌剧院设计成一瓣一瓣的橘子形状呢？而且，橘子的形状也很像船帆啊！
就这样，造型独特、极富创意的悉尼歌剧院诞生了！

勤于思考，勇于创新

在澳大利亚的港湾，矗立着一座举世仅有的绝美建筑，这就是悉尼歌剧院。在世界建筑史上，悉尼歌剧院是一个不折不扣的奇迹，这个奇迹是由丹麦建筑设计师琼·伍重设计的。在设计悉尼歌剧院的时候，琼才三十多岁，年纪轻轻的他却拥有如此巧妙的构思，因而创造了二十世纪世界建筑史的奇迹。

在建设悉尼歌剧院之前，负责的部门发布了征集方案的通知，琼作为建筑师也得知了这个消息。和很多设计师闭门造车不同，琼对于这次设计投入了很多心血。他不但了解悉尼的各种资料，而且对于人们对悉尼的印象也进行了深入的了解和统合。最重要的是，他还对世界各地的歌剧院都进行了研究，但是却毫无收获，这是因为他不想把悉尼歌剧院建造得和其他地方的歌剧院雷同或者类似。

要知道，澳大利亚的港湾是非常美丽的，悉尼也是一座美丽的海滨城市。如何才能让歌剧院绽放出与众不同的光彩呢？琼一直沉浸在设计思路中，食不知味。虽然距离截稿的日子越来越近了，但是他却依然没有获得灵感。有一天，妻子看到琼苦苦思考却毫无收获，又看到琼都没有来得及吃饭，因而感到非常心疼，就拿了一个橘子给琼吃。琼接过橘子之后漫不经心地用小刀划橘子皮，在橘子被切开之后，他的脑中突然灵光一闪：何不把悉尼歌剧院设计成一瓣一瓣的橘子形状呢？而且，橘子的形状也很像船帆啊！就这样，造型独特、极富创意的悉尼歌剧院诞生了。

为何琼能够从普通的橘子中获得如此巧妙的构思和灵感呢？这并不是因为上天厚爱琼，而是因为琼始终在心中设想着这件事情，也始终想要做好这件事

情。他正是因为一直在苦思冥想，所以脑中才会灵光一闪，得到灵感乍现。如果琼只是和很多人一样敷衍了事地完成这个设计，那么他也就不能通过橘子获得灵感，悉尼歌剧院也就不会以如此美丽的姿态矗立在海湾之上，成为人类精神文明的点缀和象征。

很多时候，我们如果被固有的思想拘束住，那么就不能摒弃传统，更不能突破传统的束缚而获得奇思妙想。所以我们一定要坚持思考，更要勇敢地创新。虽然很多人即使苦思冥想，也不能得到想要的灵感，但是这并不意味着思考是无用的。就像阿基米德给国王的皇冠测定含金量一样，他一直为无法测量皇冠的体积而烦恼，却在洗澡的时候看到溢出浴盆的水，意识到可以通过这样的方法来测定皇冠的体积，因而巧妙地测算出皇冠的含金量，验证了皇冠是否是用纯金铸成的。

在坚持思考、自主创新的过程中，男孩还要避免一个误区。很多男孩子在追求创新的时候都想另辟蹊径，实际上在很多情况下，要想获得最新的思路，我们未必要寄希望于那些与生活相距遥远的事物，这会使我们的思路走入一个被限制的圈子里。如果我们能够更多地关注身边的东西，那么只要我们坚持思考，只要我们有了灵感，同样能够获得很好的突破口，做出杰出的表现。

古今中外，很多好的思路都是从现实的生活中获得的。虽然每个人都有创造性，但是每个人的创造力是不同的。有的人创造力比较强，有的人创造力比较弱，我们应该以自身的条件为出发点，为自己寻找更多创新的机会。在日常生活中思考问题的时候，我们要有意识地采取发散性思维的方式解决问题，而不要总是墨守成规。要知道，条条大路通罗马，如果我们总是局限于某一个思路上，那么就无法取得更好的进展。

此外，我们还要拓宽知识面。俗话说，"不经历无以成经验"。我们不可能亲身经历每一件事情，为了弥补自身经验的不足，我们可以通过阅读的方式积累见识，这样在遇到问题的时候，我们才会有更加开阔的眼界，也才会有更好的解决问题的思路。激发自身的创造力需要循序渐进，一味地在创造的过程

中局限于旧有的思路并不是一个好办法，我们唯有积极地开辟新思路，才能别出心裁，想出让自己和他人都耳目一新的金点子。

有头脑才有出息

有家大公司正在招聘行政人员，很多年轻人前来应聘。经过层层选拔之后，只剩下甲乙丙三个年轻人有机会参加复试。但是，他们之中只有一个人能够成为总经理助理。对于这么好的职位，甲乙丙当然都想得到，毕竟成为总经理助理是一件很风光的事情，而且有助于他们的职业生涯发展。那么，复试的时候结果将会如何呢？他们都卯足了劲，要在复试中笑到最后，看看到底谁能取胜吧。

早晨八点钟，甲乙丙三个人准时来到公司的人事部报道。人力资源部的主管显然已经做好了准备，他拿出三套白色的制服和三个装着文件的文件夹发给他们。这三套白色的制服非常白，但是让人奇怪的是，这三套白色的制服上都有一个小小的污点。这个时候，人事部长对甲乙丙说："这就是你们今天的考题。第一，你们必须把这块污渍处理好，因为总经理很看重个人仪表，如果看到你们穿的白色衬衫上有黑色的污渍，他是不会聘用你们的。第二，现在距离面试时间还有十五分钟，如果你们不能准时赶到总经理办公室，那么总经理也不会聘用你们的，因为总经理是一个特别守时的人，他认为一个人不守时，就是不尊重他人，也不可能成为好员工。好了，时间紧迫，你们就从现在开始行动吧！"

主管话音刚落，甲乙丙马上展开了行动。甲第一时间就想把那块污渍擦掉，所以他赶紧拿出湿纸巾，对着污渍反复地擦。让他没有想到的是，湿纸巾的液体渗透到污渍上，反而使污渍变得更大了。乙则自作聪明地找到了负责员

工服装的人，想要一套干净的制服，结果却没想到主管当即对他说"既然你想到了这个方法，说明你已经没有资格参加复试了"。就这样，乙不但白白失去了复试的机会，还失去了留在公司的资格。丙则认为十几分钟还是可以搏一下的，所以他当即到洗手间清洗那块污渍。然而，他虽然把污渍洗干净了，但是衣服却是湿漉漉的，他只好用烘手的机器烘衣服。转眼之间，只剩下五分钟了，衣服还没有是完全干透呢，他只好仓促地换上衣服，飞奔到总经理办公室门口准备参加复试。

丙到达办公室门口的时候，甲还没有来呢。他等到甲来的时候，一直盯着甲看，发现甲身上的污渍还在，他不由得暗自窃喜，认为自己一定能够成为总经理助理。这个时候，他和甲被邀请进入办公室一起参加面试，结果总经理当场宣布将甲晋升为总经理助理，而丙只能作为普通的文秘留在公司。得知这个结果，丙很不服气，对总经理说："总经理，我的污渍已经去掉了。"总经理慢条斯理地说："虽然你去掉了污渍，但是你的衣服是湿的。"得到总经理的回答，丙还是不甘心，提醒总经理："但是，甲的污渍还在衣服上呢，我觉得我比甲处理得更胜一筹。"总经理笑起来，说："虽然甲的污渍还在衣服上，但是我并没有看到，因为他从进来的时候就一直双手环抱着文件夹，用文件夹挡住了衣服。"听到总经理这么说，丙更不服气了，气鼓鼓地说："但是，他没有解决问题呀！"总经理说："有的时候情况紧急，我们可以用这种方式来处理问题。你虽然把污渍洗干净了，但是你的时间很仓促，而且你的衣服也没有干，这同样是很影响形象的。当我的助理，必须做到头脑灵活，面对各种突发情况都能随机应变。"听到总经理分析得头头是道，丙只好愿赌服输。

在这个事例，甲乙丙三个年轻人都面临同一个问题，既要衣着干净整齐地去见总经理，又不能迟到。在这种情况下，他们选择了不同的做法。乙因为脑洞大开，想要一套干净的制服而失去了面试的机会。丙呢，虽然洗干净了污渍，但是却在衣服上留下了水渍，而且还险些迟到。只有甲非常从容，他虽然没有清洗掉那块污渍，但是他用文件夹挡住了污渍，而且这样的举动显得非常

得体，所以他得到了总经理的赏识。

在遇到问题的时候，我们不能遵循常规的思路，以常规的方法思考如何解决问题。如果我们能够变通一下，换一个角度考虑问题，事情也许就会豁然开朗。思考能力对于每个人都是至关重要的，尤其是对于男孩来说，在面对很多难题的时候，必须勤于思考，才能想出合理的解决办法。反之，如果不能勤奋思考，那么就会导致解决问题时思维僵化，非但不能很好地解决问题，反而会让自己陷入尴尬和难堪之中，这是非常糟糕的。

在解决问题的过程中，我们可以摒弃固有的思维方式，采取发散性思维，选取更多的方法试图突破，也可以展开想象的翅膀，让自己发挥超强的想象力，从而另辟蹊径地解决问题。总而言之，解决问题的方法有很多，我们只为成功找方法，不为失败找借口。当我们坚信自己一定能够通过勤奋思考解决问题的时候，我们就真的能够做到这一点了。

学以致用才能发挥知识的效力

亚里士多德是古希腊大名鼎鼎的哲学家。和很多伟大的人从小出身贫苦不同，亚里士多德出生在贵族家庭里，从小就享受着优渥的生活，而且接受了很好的教育。正因为如此，他才能成为一位真正的绅士，不但善于为人处事，而且言谈举止都彬彬有礼。即使在上学期间，其他孩子都穿得非常简陋，他也总是穿得光鲜亮丽，看起来就与其他孩子完全不同。

对于亚里士多德的讲究穿着，老师柏拉图不以为然。柏拉图认为，孩子正处于学习的阶段，应该以求知为主，而不应该过于看重自己的形象，总是刻意打扮自己。对于老师的评价，亚里士多德反唇相讥道："只有穿着干净整齐的衣服，我们才能有好心情，也才能专心学习。"听了亚里士多德的话，柏拉图

认为亚里士多德说的也有道理，因而默许了亚里士多德的穿着打扮。

亚里士多德不但坚持自己的衣着风格，而且坚持自己的想法。柏拉图非常喜欢数学，他认为人只有坚持学习数学，才能更接近于哲学，为此他写了几个字张贴在学院大门上，内容如下：不懂几何者禁止入内。同学们都是柏拉图的坚决拥护者，他们常常和柏拉图一起高呼这个口号，禁止那些不懂几何的人进入他们的学院。对此，亚里士多德很不赞同。他与柏拉图不仅在这方面有冲突，在其他的学术问题上也常常争论不休。有的时候，柏拉图会被亚里士多德问得哑口无言，无法回答。

看到亚里士多德这样的表现，同学们都很生气，他们认为亚里士多德是在故意刁难老师，并且认为亚里士多德不尊重老师。亚里士多德却认为他既要尊重老师，更要尊重真理。有些好事的学生把亚里士多德的言论告诉了老师，老师却非常欣赏亚里士多德，他认为在这个学院里，有些学生只是学院的主体，而有些学生却有不可多得的头脑，例如亚里士多德。在柏拉图心中，亚里士多德就是学院的头脑，所以他发自内心地喜欢亚里士多德。亚里士多德有坚持主见的精神，能够坚持深入地思考，最终成为大名鼎鼎的哲学家。

显而易见，和亚里士多德相比，大多数学生都非常迷信老师，他们认为自己既然跟随老师学习知识，就要唯老师马首是瞻，因此不管老师说什么，他们都不假思索地表示支持和赞同。即使他们的观点和老师不一样，他们也不愿意提出来。对于老师，他们既有尊重的成分在内，也有阿谀奉承的成分在内。但是亚里士多德偏偏与众不同，他有想法，有主见，哪怕是在与老师有意见分歧的时候，他也能够进行辩解。对于这样的学生，一个真正明智的老师不会抱怨学生损害了自己的颜面，也不会抱怨学生不能做到顺从自己，相反，他们会为有这样的学生而感到庆幸，因为这样的学生都是有头脑的学生，这样的学生在学术上一定会有所建树。

俗话说，理不辩不明，任何时候我们都不要搞一言堂，不管是在家庭生活中，还是在学校的教学生活中，老师和家长都不是孩子的主导者。孩子随着不

断成长，自我思考的能力越来越强，父母和老师最重要的任务是要引导孩子进行思考。有的时候，哪怕和孩子之间有了意见分歧，孩子坚持己见，父母和老师也不要觉得丢了面子。因为恰恰如此，才能证明孩子是非常有头脑的。

在学习的道路上，我们掌握的知识越来越多，如果我们始终把这些知识作为空洞的内容去加以呈现，那么这些知识就失去了灵魂和生命。如果我们没有把这些知识学以致用，让知识发挥最强大的力量，那么这些知识就无法真正地改变我们的生活。

在成长的过程中，有出息的男孩应该开阔自己的眼界，除了要跟随老师学习一些学科知识之外，还要多多读书，拓宽自己的阅读面，这样才能成为知识的主宰者，并且能够灵活地运用知识解决问题，达到学以致用的目的。

人们常说，规矩是死的，人是活的，因而要根据人的具体情况对规矩加以变通。我们也要说，知识是死的，人是活的。我们只有对知识活学活用，知识才会爆发出强大的生命力。如果我们总是盲目地迷信知识，认为知识是不可争辩的，也认为知识是不能怀疑的，那么我们就会成为知识的奴隶。

正确对待批评

在第74届奥斯卡颁奖仪式上，哈利·贝瑞荣获了最佳女主角奖。哈利·贝瑞是美国好莱坞的女明星，被人称为黑珍珠美人。即使得到如此至高无上的荣誉，得到了人们的恭维和赞美，但是她始终坚持做自己，从来没有因此而飘飘然。她很清楚自己必须始终牢记他人的批评，始终接纳他人的指责，才能不断地进取和成长。反之，如果因为得到了小小的荣誉就迷失了自己，那么就会陷入停滞不前的状态。

与获得奥斯卡最佳女主角奖的风光无限不同的是，哈利·贝瑞曾经在一个

电影颁奖典礼上获得了最差女主角奖。对于大名鼎鼎的女明星而言，这样的打击是非常沉重的，但是她却坦然接受。因为她知道，只有怀着从容的态度接受批评，才能从中汲取经验和教训，才能够改正自己的错误，改善自己做不好的地方，从而让自己有更好的表现。也许哈利·贝瑞是第一个亲手接过最差女主角奖杯的女明星，但是这并没有让她失去自信，更没有让她在影坛中从此沉沦下去。得到这个奖项之后，她再接再厉，获得了更快速的成长，所以才能最终成长为一代巨星。

不得不说，哈利·贝瑞这样的态度是很多人都欠缺的。人生在世，没有一个人可以得到所有人的认可和好评，也没有一个人可以让自己做到面面俱到，毫无瑕疵。所以对于哈利·贝瑞而言，唯有坦然接受批评，才能直面自己。很多女演员在被评为最差的时候都会选择逃避，拒绝出席现场，正是因为如此，她们才不能进步。人们常说，"良药苦口利于病，忠言逆耳利于行"，对于每个人而言，也许听到逆耳的忠言是非常尴尬的，但是只要摆正心态，从容应对，接下来就能够获得很大的进步。

与其在他人的赞美和认可之中沉迷，不如时时想起他人对自己的批评，这样才能保持警醒，坚持进取。越是在遭遇批评的时候，我们越是不应该逃避，更不应该畏缩和胆怯，而是应该发自内心地接受，把批评视为自己人生中最宝贵的财富，让自己始终充满动力，努力前行。我们更应该拥有宽容博大的胸怀，拥有真正的人生智慧，这样才能在面对人生中的其他际遇时无所畏惧。

现实生活中，很多男孩都不能直面他人的批评，越是在面对批评的时候，他们越是会表示抗拒，甚至认为批评者别有用心，故意贬低和指责自己。其实，男孩这样的想法完全是多虑了。因为没有人愿意与他人为敌，只有那些真正对我们非常亲近，也真心想让我们变得越来越好的人，才会诚恳地为我们提出建议。既然如此，我们要做的就是感谢他们，而不是抗拒他们。

古人云，"金无足赤，人无完人"。每个人都有各种缺点和不足。很多时候，我们不识庐山真面目，只缘身在此山中，我们并不了解自己，因为我们对

自己太过亲近和熟悉了，所以我们也就无从知道自己哪里做得好、哪里做的不好、在哪些方面可以发扬光大、在哪些方面需要积极改进。这样一来，我们还谈何进步呢？所以我们一定要感谢那些勇于批评我们的人，正是他们为我们的前进指明了方向。

面对批评的时候，我们一定要保持冷静的心态。很多人一旦听到批评的话，马上就歇斯底里，愤怒使他们的智商瞬间降低，也让他们无法保持清醒与理智面对各种事情。在这种情况下，他们又如何能够摆脱危机呢？尤其是现代社会中，每个人的生存情况都很艰难，常常需要应付繁忙的工作，还要照顾好生活的方方面面，这使得人们的情绪越来越烦躁。作为男孩，如果正处于青春期，还会因为自身的情绪波动而感到迷惘，甚至还会失去思考的能力，使大脑陷入混乱的状态。即便如此，男孩也依然要保持清醒的头脑，进行理性的思考。

虚心使人进步，骄傲使人落后。当男孩习惯于接受他人的批评，并且能够以正确的态度对待他人的批评时，就能获得快速成长。反之，如果男孩面对批评的时候常常情绪激动，不愿意听从他人中肯的建议，那么他们就会在骄傲自满的状态中停滞，甚至退步。因此男孩一定要学会保持平静，理性地思考人生中各种各样的问题，一定要充满智慧地面对生活中的境遇，唯有如此，男孩才能成为真正的人生强者。

处处留心，才能处处进步

瓦特发明了蒸汽机，因而在世界科学发展史上留下了浓墨重彩的一笔。那么，瓦特为何能够发明蒸汽机呢？不是因为他有显赫的家庭，也不是因为他从小就受到了良好的教育，而是因为他非常用心地对待生活，积极主动地进行学习。

　　瓦特出身的家庭特别贫苦，他的母亲是一名家庭妇女，整日在家中操劳家务，他的父亲是一个木匠，靠着给他人做木工赚取少量的钱，勉强维持家庭生活。这使瓦特从小没有得到均衡的营养，因此身体非常孱弱。又因为家里没有足够的钱供他读书学习，所以他无法像其他孩子一样进入学校接受教育。有些孩子去上学的路上，看到瓦特在街道上漫无目的地闲逛，就会嘲笑瓦特是个病秧子，还会嘲笑瓦特没出息，不愿意上学。其实，瓦特哪里是不愿意上学呢，他只是没有机会去读书而已。看到其他孩子学会了很多知识，小小年纪的瓦特心急不已，在他的坚持下，父母才尝试着教他读书写字，教他进行算术练习。

　　瓦特父母本身所掌握的知识也是不多的，所以他们能够教给瓦特的知识非常有限。因为掌握的知识很少，所以瓦特翻来覆去地巩固记忆，对这些知识记忆得非常牢固。后来，瓦特渐渐地学会了自学，他还会画一些几何图形呢。有一次，家里来了客人，看到瓦特正在地上画几何图形，感到非常惊讶。这个时候，瓦特年纪还很小呢，客人对于瓦特表现出的独特的学习天赋大加赞赏。

　　不到八岁那年，瓦特去外婆家里做客，发现厨房里的水壶在水烧开了之后，壶盖一直张张合合，"啪啪啪"地发出响声，仿佛水壶里有一个小精灵正在活蹦乱跳地狂舞。看到这样的情形，瓦特惊讶极了，他一直坐在旁边观察壶盖的跳跃，不知道水壶里到底发生了什么。后来，外婆告诉瓦特，壶盖之所以一直在跳舞，是因为水烧开了，产生了水蒸气，水蒸气产生了动力，掀动了壶盖，所以才让壶盖一直跳舞。瓦特恍然大悟。

　　小小年纪的瓦特并不满足于外婆主动讲给他的知识，他一直苦思冥想着水蒸气是怎么来的，水蒸气的力量为何如此的巨大。他还想到，水蒸气既然能够推动小小的壶盖，是否也能推动更加沉重的东西。后来，瓦特成为了一名仪器修理工，借助于工作的便利，他得到了更多机会接触各种各样的机器。最终，他在实践和理论相结合的情况下，研究出了蒸汽机，对世界科学的发展起到了巨大的推动作用。

如今，很多男孩从小就接受了良好的教育，他们一路高歌猛进，从幼儿园到小学，再到中学、高中、大学，甚至还要读研究生，读博士。系统的学习为孩子们成人成才做出了良好的铺垫作用，但是大多数男孩却过着普通平凡的人生，并没有做出伟大的成就，这又是为什么呢？如果瓦特没有上过学都能发明蒸汽机，那么这些上过学的孩子为何总是碌碌无为呢？其实，他们之间最大的区别就在于是否留心、是否用心。瓦特发明蒸汽机是从生活中得来的灵感，他非常积极主动地坚持学习和创新。现在的男孩们虽然接受了很多知识，但是如果他们从不积极主动地学习，更不想要获得成长，那么他们就会表现出很强的惰性，也无法时时保持进步的状态。

俗话说，"处处留心皆学问"。作为男孩，一定要当有心之人，刻苦努力地钻研，不要把很多事物都看得特别寻常、理所当然，从来不动脑加以思考。哪怕是在看似平淡无奇的生活中，也蕴含着无穷无尽的知识，也蕴含着很多生动有趣的道理。人们常说这个世界上并不缺少美，缺少的只是发现美的眼睛，我们也要说这个世界上并不缺少发明创造的机会，缺少的只是求知若渴的心灵，缺少的只是投身于发明创造的心。当男孩一心一意只想发明创造，只想做出自己伟大的成就时，他们就会有特别出色的表现。

男孩们，你们做好准备，从普通平凡的生活中发现新奇有趣的事物了吗？生活中始终蕴含着无穷的奇迹，我们要有善于发现奇迹的眼睛，最重要的是必须做到以下几点。

首先，男孩一定要有好奇心。好奇心是推动人学习和进步的原始驱动力，如果男孩对任何事情都没有好奇心，不愿意排除万难去做到自己想做的事，那么他们即使看到新奇有趣的事物，也完全意识不到，甚至还会因此而失去机会。

其次，男孩一定要坚持探索。在探索的过程中，男孩会更加了解这个世界，对于事物的原理也会更加熟悉，这样他们才会进行更深入的思考，或者也会激发出自己的灵感。

最后，男孩还要善于观察，如果看到任何事物都不产生好奇心，都没有发现事物的独特和神奇之处，那么男孩就不可能感到好奇，更不可能坚持思考。总而言之，每个发明家都有很多基本的素质，男孩要先让自己具备这些基本的素质，才能更进一步地发展和成长起来。

审时度势，顺势而为

很久以前，很多信件都无法准确地投递出去，这是因为这些信件上没有写着详细的地址，或者是因为收件人搬家了等原因而无法投递。最糟糕的是，这些信件上还没有详细的退信地址，所以是无法退回去的。这些信件只能长年累月地躺在邮局的角落里，根据邮局里的规定，这种信件属于既没有收信地址，也没有退信地址的"僵尸信"。在把这些信件放置一段时间之后，邮局就会对其进行集中处理，即销毁这些信件。对于这些僵尸信，邮局里的人感到非常头疼，因为如果存储的时间太长，它们就会占用宝贵的空间；如果存储时间过短，又担心有人到邮局来查这些信件，到时候无法给前来查询的人一个交代。每当到了集中处理这些信件的时候，邮局的人就更头疼了，因为这些信件的量很大，处理起来非常麻烦。

就在邮局里的从业人员为这些僵尸信感到烦恼的时候，有一个小伙子却主动来到邮局里，提出要帮忙投递这些信件。听到小伙子的话，工作人员感到惊讶极了，因为小伙子并不准备销毁这些信件，也不想把这些信件当成废纸给卖掉，而是要把这些信件送给收信人。他甚至主动向邮局立下军令状，保证会把这些信件送给那些收信人。看到天上居然掉馅饼，邮局里的工作人员震惊不已，最重要的是这些信放着也是浪费，如果年轻人真的能把这些信件送到收信人手中，那可是做了一件大好事啊！

在和邮局达成协议之后，年轻人就从邮局领走了很多信件。他每天都在坚持送这些信，但是效率却非常的低。有的时候，他为了送一封信，即使接连跑好几天的时间，也不能找到收信人。然而，努力的人总会获得回报。在送信的过程中，年轻人居然从一个居民那里收获了人生中的第一张订单，这个居民请年轻人帮他把一个东西送到另外一个地方，并且愿意付给他高昂的费用，前提是他必须保证在规定的时间内送达。原来，这个居民看到年轻人每天在大街小巷之间来回穿梭，也得知年轻人正在做一件好事情，因而很感动。就这样，年轻人火速把居民的信件送到了目的地，看到信件在规定的时间内被送达，居民付给了年轻人很大一笔费用。后来，找年轻人做这种快送业务的居民越来越多，这样年轻人在帮助邮局寻找收信人的过程中就可以帮助居民送快信，也就有了稳定的收入。很快，他的业务越来越繁忙，因而开设了速递公司。他的公司也越开越多，规模非常的大。这就是美国的速递大王乔治·肯鲍尼的发家史。

在快递如此普及的今天，读到这里，相信男孩们一定会认识到，肯鲍尼所做的事情就是快递业务的雏形。那么，为何肯鲍尼能够得到这样的机会，开发出这样的新业务呢？是因为在他送信的过程中赢得了他人的信任，也积累了送信的经验。正是在各个因素的综合作用下，他发现了新的商机，由此催生了速递业务的诞生。

当然，很多人也从事着与肯鲍尼相似的工作，例如邮差，但是他们却没有从此过程中发现商机。所以机会总是会给有准备的人，机会也总是会留给有眼光和有魄力的人。肯鲍尼之所以能够抓住快递事业做大做强，就是因为他脚踏实地，踏实肯干，而且坚持不懈，不达目的决不罢休。

也许有朋友会说，他原本是要把那些"僵尸信"送给收信人的，为何会半路上转为做速递业务呢？这并非是肯鲍尼不愿意坚持的表现，而是说明他心思非常灵活，能够审时度势，随机应变。很多人只要抓住了一个机会，或者做出了一个决定，就会一条道走到黑。然而，如果我们每一次尝试都能获得成功，

那么我们就无须再进行这么多次尝试。遗憾的是，失败是人生的常态，当我们朝向目标努力前行，坚持做好一件事情的时候，如果半途中遭到了失败，那么我们应该有顺势而为的心态，能够及时地改变方向，去做自己更擅长的其他事情，这样我们才能在成长的道路上确立更适合自己的发展目标。

人们常说，两点之间直线最短，虽然直线的距离最短，但是走完这段直线所用的时间未必是最短的。如果我们能够曲径通幽，绕道而行，说不定还可以避开那些难以超越的障碍，从而让自己更快地到达目的地呢。这是一种非常有效的方法，可以助力我们真正获得成功。

从另一种意义上来说，这并不是在教我们放弃，而是要让我们换一种方式坚持去做。我们只有不忘初心，才能有始有终，但是不忘初心，并不意味着走到死胡同里也不知道回头，只有顺应形势，及时地做出调整和改变，我们才能获得最好的结果。

第六章

有出息的男孩心怀感恩，以好心态拥抱生命

现代社会中，很多男孩都不懂得感恩，是因为他们从小在家庭生活中就得到了父母和长辈无微不至的爱，得到了父母和长辈全心全意的付出，这使得他们对他人的付出和关爱无动于衷，也会在无形中忽略自己从外界得到的一切。每个男孩都应该心怀感恩，因为只有心怀感恩才能拥有良好的心态，才能敞开怀抱热情地拥抱生命，也只有心怀感恩，男孩才会懂得回馈，尽自己所能地回报辛苦养育自己的父母，让自己的生命因为感恩变得更加厚重和丰盈。

请问，我可以要一杯热水吗?
当然可以。
我可以晚一些送钱给你吗?
不要钱，这是送给你喝的。
他始终对女孩心怀感恩，刻苦读书，最终成为一名医术精湛的医生。
多年后，女孩成了他的一位患者。
结账单
一杯牛奶

心怀感恩，为爱接力

很久以前，有个小男孩又累又饿，行走在冰天雪地之中。他的手里还拎着一个沉重的篮子，篮子里是他准备销售的日用品。原来，他想卖了这些日用品，为自己积攒学费，这样他才能继续读书。爷爷奶奶年纪已经大了，他的父母早就去世了，对于他而言，他只能靠着自己才能改变命运。但是在这样恶劣的天气里，家家户户都门窗紧闭，大家都躲在房子里取暖，没有人听到他因为寒冷而颤抖的叫卖声。

小男孩好不容易才来到一户人家门前，他鼓起勇气敲响了这户人家的门。他实在是太冷了，想讨一杯热水喝。过了很久，有个女孩过来开门。门一打开，一股热气扑面而来，男孩怯生生地问女孩："请问，我可以要一杯热水吗？"女孩当即回答道："当然可以。"说着，女孩转身离开门口，回到屋子里。

过了好几分钟，女孩回来了，她端来了一大杯热牛奶。男孩接过这杯牛奶，非常感动，但是他也很忐忑，因为他的口袋里连一分钱都没有，根本没有办法支付这杯牛奶的费用。他把装着日用品的篮子放在地上，用两只手捧起这杯牛奶，小口小口地喝着。很快，他的身体就暖和过来了。喝完牛奶之后，他问女孩："我可以晚一些送钱给你吗？"女孩对男孩说："不要钱，这是送给你喝的。我妈妈说，'赠人玫瑰，手有余香'，能帮到你，我也很愉快。"男孩感动极了，原本他已经准备放弃，不再读书，但是现在他坚定不移地想要继续读书和学习，长大之后也能够成为一个慷慨帮助他人的人。怀着这样的想法，男孩艰难地完成了学业，成为一名技术精湛的医生。

有一天，医院里为一位来自农村的女士会诊，这位女士患上了怪病，在本地的医院一直没有治好。男孩看到女士所在的家乡是那么熟悉时，不由得心动了。他赶紧跑到病房里，隔着病房的门，他看到了那张熟悉的面容。他当即回到会诊室里，主动请缨，负责这位女士的诊治工作。后来，他联合其他科室的医生治好了这位女士的疾病。护士拿着结算清单给这位女士，她迟迟不敢看向结算栏，因为她生怕自己支付不起高昂的医药费。然而，在结算那一栏里，她竟然看到赫然写着：一杯牛奶，爱德华医生。她的眼泪簌簌而下，她马上想起了多年前那个冻得瑟瑟发抖的小男孩，她万万没有想到自己在多年前赠送给男孩的一杯牛奶，居然会在关键时刻拯救了她的生命。她也相信，这杯牛奶还会继续温暖更多的人。

一个人得到了他人的恩惠，未必有机会回报给他人，但是却可以把这份爱散播出去，让整个世界变得更加温暖。这就是有感恩之心的人应该做的事情。很多时候，虽然我们只付出了小小的善意，以无心的举动帮助了他人，却会让他人感到深深的温暖，所以我们一定要积极地做好事情，这样我们才能变得更好，我们的世界才能变得更好。

人是群居动物，每个人都生活在人群之中，没有人能够离群索居、孤单地生活。对于每个人而言，要想让自己生活的环境变得更加美好，首先要成为一个付出者，能够慷慨大方地帮助他人，在他人遇到困难的时候伸出援手。看起来，这虽然并不会给我们带来直接的回报，但是至少当我们也需要的时候，这个世界的温度会让我们感到温暖。其实，要想做好事情，有很多机会都可以去做，例如在公交车上给需要的人让座，在别人需要的时候把自己的手机借给别人用，在他人迷路的时候详细地为他人指明方向等。这些都是一些很小的善意，古人云，"莫以善小而不为，莫以恶小而为之"，告诉我们当每个人都坚持去做一件小事的时候，每个人都能得到机会完善自身。

每个心怀感恩的人都是为爱传递接力棒的人，爱在他们手中不停地流转，在人与人之间不停地蔓延，随着流传的空间越来越大，爱还会成倍地增长。既

然爱如此神奇，我们为何不成为爱的传播使者呢？

　　心怀感恩还能让我们变得更加宽容。现实生活中，很多男孩心思狭隘，他们的心里只有自己，在遇到问题的时候，也只从自己的角度考虑问题。为了改变男孩这样的状况，父母在教养男孩儿的时候，应该让男孩更多地关注他人的感受，更多地关注他人的需求，这样男孩才能做到心中有他人，也才能变得更加温暖，更加博爱。

　　男孩缺乏感恩之心，并不意味着男孩天生自私。如果父母过度照顾男孩，过度满足男孩的所有欲望和需求，那么男孩就会越来越自私，所以说男孩的自私与父母的教养方式是密切相关的。父母应该端正心态，认识到男孩之所以不能心怀感恩，根源在父母身上，是由不当的家庭教育模式引发的。在家庭生活中，父母除了不要给男孩过于周到的照顾之外，还要让男孩学会分享。例如，有好吃的不要留给男孩独享，而是要和其他人一起分享，这样男孩就会渐渐地养成心怀感恩的好习惯，也会认识到父母养育他们非常辛苦，因而对父母怀有感恩的心，也会很努力地回报父母。

滴水之恩，当涌泉相报

　　作为甘肃贫困山区的一个孩子，小董已经习惯了每年在不同的季节接受他人的捐赠。当然，这个捐赠并不是捐给他一个人的，而是捐给他们整个地区的，会有专门的人负责把这些物资发放给他们。例如，小董现在身上穿的衣服鞋袜都是爱心人士捐赠的二手衣服和鞋袜，都还比较新，很干净的。如果运气好，小董还能分到全新的衣服鞋袜呢！小董使用的书包文具等也都是爱心人士捐赠的。刚开始，接受爱心人士的捐赠时，小董和伙伴们都非常欣喜，他们对捐赠的人满怀感激。但是，随着时间的推移，这样的捐赠已经成为了例行公

事，小董和伙伴们接受捐赠物资也就越来越心安理得了。有的时候，捐赠来得晚一些，他们还会询问今年的捐赠为何还没有送来呢。看到孩子们出现了这样的转变，他们的刘老师感到非常担忧。

刘老师是一个非常懂得感恩的人，他一直教育孩子们要对他人的帮助心怀感恩，但是现在他明显意识到，只让孩子们懂得感恩是远远不够的，还要让孩子们以实际行动表达感恩之情。

到了秋天，冬季的捐赠物资来了。刘老师带着孩子们一起给捐赠者写信，表达对捐赠者的感激之情，他们还凑了一些钱，给捐赠者们买了一些当地的糖果邮寄回去。看到刘老师如此大费周折，花费了一整个下午才把信件和糖果寄给几个捐赠者，小董不由得抱怨起来："老师，他们帮助我们，是他们心甘情愿的。我们不用这样做吧，既浪费时间，又浪费钱。"

刘老师严肃地对小董说："虽然别人帮助我们，是他们愿意的，但是我们却不能将其视为理所当然。你可以换位思考一下，我们只是给别人邮寄了一封感谢信和一些糖果，就用了整个下午的时间。那么，他们每年给我们邮寄这么多的衣服鞋袜和文具用品等，他们又需要花费多少时间呢？别人不求回报是别人的事，我们却要力所能及地表达感谢之意，这是我们应该做的。"

听到刘老师的话，小董和同学们都感到非常羞愧。原来，一直以来，他们已经忘记了那些帮助他们的人，而只是心安理得地享受着这些物资，还觉得自己给了别人做好事的机会呢！

很多人都把感恩挂在嘴边，说自己要感恩，也标榜自己的确非常懂得感恩，而实际上，真正做到感恩的人却少之又少。

首先，一个人要感恩，就要热爱生活。如果一个人从来不热爱生活，对于生活总是满怀抱怨，对于生活中发生的各种事情都避之不及，不愿意正面面对和解决问题，他们又怎么可能做到感恩呢？

其次，一个人要感恩，就要学会换位思考。在这个故事中，刘老师之所以带领小董和其他同学一起给捐赠者写信，邮寄糖果，就是因为想让他们

切身地感受到邮寄各种东西有多么麻烦，不但需要填单子，还需要包装好，而且需要花费很多时间。如果没有足够的爱心，捐献者怎么能每年都坚持做好捐赠这件事情呢？很少有人能够坚持长年累月地进行捐赠活动，就是因为如此。

再次，一个人要感恩，还要非常宽容。俗话说，"人生不如意十之八九"，在生命的历程中，没有谁会对自己身上发生的一切经历都感到满足，总会有一些不满意的地方。在这种情况下，如果总是发牢骚和抱怨，那么就不可能做到真正的感恩，所以一定要足够宽容。例如，命运赐给我们各种坎坷磨难，我们可以把这些磨难当成是锻炼自己的机会，命运给予我们沉重的打击，我们可以将其作为一次考验自己的好机会。任何时候，我们都要心怀感恩，才能拥有柔软的心灵，才能拥有有温度的人生。

最后，他人给我们滴水之恩，我们应该对他人涌泉相报。很多时候，对于他人给我们的小小帮助，我们不知不觉就会忘记。其实，不管别人给我们的帮助是出于做好事的心，还是只是顺水人情，这都不影响我们对他人表达感谢之意。毕竟他人的帮忙真正地帮助我们渡过了难关，这是我们应该始终牢记在心的。

感恩要说，更要做

作为2006年感动中国的十大人物之一，黄舸的"感恩之旅"行动让很多人都非常感动，但是也有人表示不理解，认为既然黄舸行动不便，在得到他人的帮助之后，为什么还要大费周折地进行这样的感恩之旅，去感谢每一个帮助过他的人呢？其实，黄舸对此有自己的想法。

黄舸在年仅七岁的时候就被诊断为先天性进行性肌营养不良，这使他浑身

软弱无力，甚至不能独立坐在轮椅上。看着软塌塌的儿子，父亲想方设法地筹钱，哪怕债台高筑，也要给黄舸治疗。看到家里的经济情况越来越差，生活无以为继，母亲抛下了这父子二人，彻底地离开了他们。眼看着生活陷入了绝境之中，黄舸的父亲也没有放弃。他决定为儿子支撑起一片天。后来，在媒体的报道下，越来越多的人都知道了黄舸的事情，全都伸出援手帮助黄舸父子。他们收到了五百多笔汇款，因此而度过了绝境。

后来，黄舸就有了一个想法，他想亲自去感谢那些曾经帮助过他的人。虽然他的身体连坐都坐不稳，父亲必须用绳子捆绑他的身体，他才不至于从轮椅上滑落，但是他依然坚持要去做这件事情。后来，他们用了三年多的时间，走了一万多公里，走过了十几个城市，感谢了很多帮助过他们的好心人。他们的行为虽然看起来是不够理性的，但实际上他们的身上却散发出感恩的精神。他们辛苦的坚持使每个人都深刻意识到，原来每一份付出都有着最诚挚的回报。正是这样的实际行动，让他们的感恩更加深沉，更加感人。

很多人虽然自以为懂得感恩，但是他们的感恩只局限于口头上，他们只是动动嘴皮子，多说几个谢谢，就误以为这样能够表达感恩之情。实际上，真正的感恩不仅要说，更要努力地做出来。如果说身患重病的黄舸都能排除万难，只为了亲自感谢那些帮助过他的人，那么我们作为健全的人、正常的人，为何不能为感恩做出更多的举动呢？

很多男孩都为学习辛苦而抱怨不休，甚至因此而与父母之间产生隔阂。实际上，父母每天都在辛勤地工作，为了赚钱养活孩子而奋力拼搏，他们只想为孩子创造更好的条件，让孩子好好学习。将来过上比父母更好的生活。那么，孩子有什么资格抱怨父母呢？偏偏有太多的孩子都对父母不满，这些孩子都缺乏感恩之心。我们再想一想黄舸的所作所为，他为了去感谢自己的恩人，不惜走过千山万水，我们作为健康的孩子，为了报答父母而努力学习，这又有什么难的呢？换而言之，有朝一日，我们凭着学习出人头地，我们不但能够回报父母，更能够回报社会。

即使说一千次一万次，也比不上展开真正的一次行动。在感恩的道路上，我们一定要更加执着坚定地勇敢前行，这样才能让感恩之心进入我们的心里，也才能让感恩以更强大的精神力量支撑起我们的人生。

感恩要从感恩自己的父母开始，要从感恩身边的小事开始。如果我们连自己的父母都不感恩，我们是不可能感恩他人的；如果我们连小事都不能做到心怀感恩，又怎么会回报大的恩情呢？任何时候我们都要努力坚持做好，我们都要以感恩给予生命最好的滋养。

在社会生活中，到处充满着无私的付出和真诚的感恩，使整个社会变得越来越温暖，变得越来越充实。土地如果失去了水分，就会变成干涸的沙漠，人心如果失去了感恩，就会变成荒芜的原野。只有懂得感恩，才能清除心中的自私和冷漠，才能变得无私和博爱；每个人唯有懂得感恩，才能让阳光更加温暖，照射到我们生命中的每个角落，也才能让未来有更美好的呈现。每一个青春期的男孩都要知恩图报，并且对他人的滴水之恩涌泉相报，这样才能让自己的身边充满爱与温暖，让自己的未来充满希望和美好。

命运以痛吻我，我却报之以歌

黑人小孩山蒂是马克·吐温家的小佣人。山蒂的妈妈早就去世了，他和爸爸相依为命。有一年，山蒂的爸爸也突然去世了。山蒂失去了唯一的亲人，感到悲痛万分。他独自坐在树下沉默着，思念着逝去的父亲，也为自己未来的生活而发愁。当时，马克·吐温年纪还比较小，根本不知道失去亲人是什么滋味。看到山蒂发呆的样子，他只想捉弄山蒂。细心的妈妈看出了马克·吐温的小心思，因而对马克·吐温说："山蒂失去了父亲，非常痛苦，你应该同情他，千万不要捉弄他，知道吗？"听到妈妈的话，马克·吐温懵懂地点了点头。

时间是最好的良药，能够治愈一切伤痛。对于还不谙世事的孩子而言，时间的效果更是非常显著。父亲去世才没过多久，山蒂就已经不再那么伤心了。有一天，他甚至还兴高采烈地哼着歌，马克·吐温感到非常疑惑。他不知道山蒂为何失去父亲还这么开心，也明白山蒂并不是冷漠无情的人，为何这么快就把父亲忘记了。母亲告诉马克·吐温："每个人都要坚强勇敢地活着，如果总是沉浸在痛苦之中，那么就无法摆脱痛苦，所以要学会化解痛苦。我们既要思念亲人，也要学会忘却亲人。"

后来，在马克·吐温十一岁那年，他和山蒂一样感受到了失去父亲的悲痛。这时，他已经理解了生死，也知道了生活的艰难。因为父亲去世，家里失去了经济来源，所以马克·吐温辍学了，他必须外出打工，帮助妈妈养家糊口。从此之后，马克·吐温过着缺衣少食、朝不保夕的生活，但是他非常乐观，从来不为此而抱怨。最终，马克·吐温变得越来越积极乐观，成为了美国大名鼎鼎的小说家。

亲人离世，我们虽然会感到痛苦，但是这样的痛苦却不能陪伴我们的一生。如果我们始终沉浸在痛苦之中不愿意自拔，那么我们就会被痛苦伤害得更深。所以我们要在缅怀亲人之后，尽快地从痛苦中摆脱出来，努力地、更好地生活。

网络上有句话，叫作命运以痛吻我，我却报之以歌。每个人生存在这个世界上，总会遇到各种各样的不如意，也会受到各种各样的打击。与其在打击之下一蹶不振，还不如振奋精神，让自己变得更加坚强勇敢。尤其是当生活充满困厄的时候，我们更不要愁眉苦脸。当我们愁眉苦脸时，阴云就会笼罩着我们的人生；当我们能够以微笑面对时，微笑就会像阳光一样驱散阴云，让我们的人生更加明媚。

毫无疑问，每个人都希望自己的人生岁月静好，生活平静，但是每个人都无法完全主宰自己的命运，这是因为我们只能掌控自己的心情，而不能决定客观上将会发生什么。所以我们要向山蒂学习，也要向马克·吐温学习，坦然接

受命运的各种安排，积极乐观地面对命运的困厄。当我们以微笑面对生活的时候，生活也会回报我们以微笑，当我们愁眉苦脸地面对生活时，生活也会愁眉苦脸地对待我们。既然哭着也是一天，笑着也是一天，我们为何不笑着度过人生中的每一天呢？

每当心情不好的时候，男孩应该多想一想那些开心的事情；每当情绪沮丧的时候，男孩应该多想一想那些振奋人心的事情。相信当坚持从好的角度去思考和考虑问题时，男孩就会成长得更快乐，也能迅速地成熟起来。

生活中，有些男孩经常会因为一些事情感到忧虑。成功学大师卡耐基曾经做过一个实验，他让很多人都把自己担忧的事情写在纸上，并且署上自己的名字，然后他把这些纸收起来保存着，等过一段时间，再按照姓名把这些纸发给他们的主人。其中，只有两个人担忧的事情发生了，其他人担忧的事情都没有发生。那两个人也发现，尽管他们此前一直惴惴不安，但是他们的不安并没有改变事情的结果，他们担忧的事情依然变成了现实。这告诉我们，担忧既没有使事情变得更好，也没有使事情变得更坏。由此一来，卡耐基得出了一个重要的结论，那就是忧虑都是毫无意义的，除了使人感到内心紧张之外，毫无用处。与其忧虑，还不如踏踏实实地做一些事情，或者彻底放下忧虑，快乐地享受生活，这样至少能够获得当下的快乐。在积极应对忧虑的情况下，我们才能找到新的办法解决问题，这才是有效应对忧虑的策略和方式。

总而言之，不管命运如何对待我们，我们都要怀着积极乐观的心态面对命运，这样我们才能成为真正的强者。

坦然面对厄运

查尔斯·布朗是英国大名鼎鼎的化学家。很小的时候，布朗在学习上就表

现出独特的天赋，虽然他的家境非常贫穷，但是父亲却大力支持他读书学习。父亲还把他送到当地一所很好的学校里学习。在这所学校里，很多富人家的孩子最喜欢拿穷人家的孩子寻开心。在班级里的穷人学生中，布朗的学习成绩最好，深得老师的喜爱，所以那些富家子弟对布朗非常嫉妒，常常找机会进行挑衅，欺负布朗。

有一次，上数学课的时候，老师特意写了一道难题在黑板上，让同学们思考。这个时候，有个学生顽皮捣乱，故意扰乱课堂秩序。老师非常生气，当即把他揪到讲台上，让他完成黑板上的题目。但是这个学生根本做不出来，他抓耳挠腮，连一个步骤都写不出来。老师忍不住说："你啊你，你要是和布朗一样听话懂事，爱学习，你怎么也能考个及格吧！"说完，老师就让布朗去黑板上解答题目。布朗很快就做出了这道题，却因此让那个同学对他不满。放学之后，那个孩子伙同其他几个孩子，狠狠地打了布朗一顿。布朗被打得鼻青脸肿，回到家后躺在床上伤心落泪。

看到布朗的样子，爸爸妈妈都非常心疼，妈妈甚至让布朗以后不要去上学了。布朗对妈妈说："我宁愿被欺负，也要去上学，不过，要是爸爸能把我转到其他学校，我会更开心的。"后来，父亲把布朗转到了离家很近的一所平民学校。这所学校虽然条件很差，环境也不好，甚至连老师都是"三天打鱼两天晒网"地给孩子们上课，但是这都不能够阻止布朗热爱学习的心，布朗依然非常勤奋地学习，如果老师没有来教授他们新课，他就坚持自学。正是在这样坚持不懈的努力之下，布朗才能成为诺贝尔化学奖的获得者，在化学领域做出了了不起的成就。

对于布朗而言，他并没有因为在求学的路上遭遇了这么多困境，就选择放弃，哪怕面对同学们的欺负，布朗也坚决要去学校上学，这说明他是发自内心热爱学习的。如今，很多男孩都有着非常好的学习条件，上着最好的学校，父母还为他们提供最有力的支持，但是他们却不愿意努力学习，这使他们在学习上的表现非常糟糕。如果布朗在那么艰苦的环境中都能坚持学习，学有所成，

我们还有什么理由不学习呢？

也有一些男孩每当在学习上遇到小小的挫折，当即就想放弃，他们的承受能力很差，自尊心非常脆弱，只能接受人生的顺境，而不能面对人生的逆境。其实，只要孩子们有理想，有信念，越是遭遇逆境，就越能被激发出潜在的强大力量。我们应该向布朗学习，在学习上勇往直前，面对各种困境绝不屈服。

古今中外，很多伟大的人在成长的过程中都遭遇了困厄。他们认为，苦难是人生最好的学校，如果没有苦难，人生就不能变得充实和厚重。也有很多人说，正是在厄运之中才能够孕育奇迹。最重要的是，我们作为当事人要始终心怀希望，要坚持不懈，决不放弃，尤其是在感到艰难的时候，更是要加倍努力，这样才能打破困境，使自己做出更好的成就。

人生就像一片汪洋大海，海面上并不会永远狂风大作。很多时候，等到风雨过后，海面又会平静如初，所以遭遇厄运虽然是很不幸的，但是只要我们能够熬过厄运，只要我们能够勇敢地战胜厄运，我们就能够让自己变得更加强大。

在中国，有一个跳马女运动员叫桑兰。她在最美好的青春年华里，因为一次跳马事故而导致颈椎受损，身体高位截瘫。原本，她有着大好的前途，现在却因为高位截瘫而不得不在轮椅上度过自己的下半生。面对这样突如其来的打击，桑兰从来没有放弃，她一直在非常艰难地与命运抗争。现在，桑兰已经组建了自己幸福的家庭，做着自己力所能及的事情，虽然疾病和痛苦还在时时折磨她，但是每次出现在公众面前的时候，她都始终面带微笑。对于这样一个充满勇气的女性，我们应该给予她足够的尊重和支持。从桑兰的身上，我们应该学会面对人生的态度，那就是世界以痛吻我，我却报之以歌。越是面对困厄，我们越是要坚强地站起来，越是要以强大的姿态勇敢面对。

在这个世界上，没有谁的人生是一帆风顺的，所以人们说"人生不如意十之八九"。面对人生的不如意，我们应该以更强大的姿态屹立不倒，我们应该成为人生的掌舵者，而不应该随波逐流，漫无目的地漂泊。总而言之，男孩应该首先成为自己，把握自己的命运，才能做好其他事情。

快乐度过生命中的每一天

在日本，有一项特别的国家级奖项，叫作终身成就奖。以往得到终身成就奖的都是社会精英，但是有一年却有一个邮差得到了这份荣誉。这个邮差就是清水龟之助。作为一个普普通通的邮差，清水龟之助到底做了什么了不起的大事，才能得到这个奖项呢？大家对此都非常不理解，也有人对此表示怀疑。但是等到他们真正了解了清水龟之助的感人事迹之后，就不再这么想了。

众所周知，邮差的工作是非常苦闷的，每天都要负责把信送给不同的人，在同一条道路上要来来回回走无数遍，所以清水龟之助对于自己的邮差工作，刚开始的时候是有些抵触的，但是他又不想让自己愁眉苦脸地影响别人的心情，所以他决定一定要面带微笑地投入工作。每当把信件送给收信人的时候，看到收信人发自内心地露出微笑，他就感到非常快乐。渐渐地，清水龟之助的微笑不再是硬挤出来的，而是真正源自他心底的。虽然邮差这份工作很辛苦，工资也不高，但是清水龟之助却坚持做了二十五年。哪怕是在日本整个国家，他也是屈指可数的老邮差了。每天一大早，清水龟之助就会用自行车驮着各种报纸、信件在大街小巷之间不断穿行，用最短的时间把信件送给收信人，用最短的时间把报纸送给收报纸的人。人们已经习惯了清水龟之助出现在他们的生活中，每当看到清水龟之助的脸上绽放的笑容时，他们也发自内心地感到快乐。

清水龟之助为何会成为快乐的使者呢？他不但给人送去了信件和报纸，也给人送去了笑容和快乐。这要从他小时候的一件事情说起。在很小的时候，妈妈带着清水龟之助去寺庙里上香。在寺庙里，方丈正在洗新鲜的桃子，看到桃

子红艳艳的，鲜美诱人，清水龟之助站在那里不愿意离开。看到清水龟之助眼馋的样子，方丈就把一个洗好的桃子送给清水龟之助吃。妈妈连连表示拒绝，并且禁止清水龟之助接受方丈的馈赠。妈妈不好意思地对方丈说："大师，您还是自己吃吧。桃子本来就不多，孩子吃了一个，您就少了一个。"听了妈妈的话，方丈笑着说："我虽然少吃了一个桃子，但是孩子却多了一份吃桃的快乐，这岂不是更好的结果吗？"说着，方丈把桃子硬塞到清水龟之助的手里。吃着鲜美可口的桃子，清水龟之助意识到快乐是可以转移的，快乐能够从一个人这里传递到另外一个人那里，渐渐地，人的心就会感到温暖。从小有了这样的领悟，清水龟之助长大后才更容易把自己变成送信的使者和快乐的使者，也才能获得终身成就奖。

　　一直以来，男孩都被教育一定要学会分享，快乐这种情绪在与他人分享的时候会变成双倍的快乐，甚至数倍的快乐，而痛苦也同样会传递给他人，所以我们不要吝啬与他人分享快乐，更不要吝啬对他人传递快乐。也许我们从事的是一份非常普通而又平凡的工作，但这并不意味着我们的快乐会因此而大打折扣。谁说只有做那些惊天动地的大事才能让人获得快乐呢？真正的快乐渗透在生活中的点滴小事之中，清水龟之助作为普通而又平凡的老邮差，都能给身边的人带来真正的快乐，带来内心的感动，而我们作为普通的人，不管从事什么工作，只要愿意，也同样可以成为快乐的使者。

　　很多男孩都迫不及待地想要获得成功，他们认为唯有成功才能证明他们的能力，他们也认为唯有成功才能真正地获得快乐，其实这样的想法是错误的。快乐是来自于心底的一种感受，与一个人能挣多少钱、处于怎样的职位、获得了怎样的成就都没有太大的关系。对于男孩而言，只有真正地保持心境的平和，只有真正地乐观开朗，才能得到快乐。

　　男孩们，你们也想向清水龟之助一样拥有不平凡的成就吗？那么请从现在开始培养自己积极乐观的性格吧。不管你的家境是贫穷还是富裕，不管你的学习是优秀还是平庸，不管你的生活是顺遂还是坎坷，你都要保持积极乐观的

良好心态。越是在身处逆境的时候，你越是应该露出微笑，当你发自内心地微笑，逆境也会由此而发生微妙的改变。当你的微笑投在自己的心中，让自己的内心充满阳光，你就会感受到温暖，你就会感受到光明，你的内心就不会遍布寒冷和黑暗的阴霾了。

生命原本就是非常短暂的，长不过百年。我们虽然无法预知自己到底能够拥有多长的寿命，但是却可以决定自己拥有怎样的人生。与其愁眉苦脸地哭着度过一生，不如尽情欢笑快乐地度过一生，这样我们不但可以愉悦自己，还可以愉悦身边的人呢！我们快乐地度过生命中的每一天，我们这一生无论能否做出成就，都是真正成功的一生，都是充实而又精彩的一生。

第七章

有出息的男孩善良正直，充满人格魅力

男孩要想立足人世，就一定要以诚信为本。如果男孩不懂得践行诺言，不能坚持善良正直的为人处世之道，那么男孩就不能形成人格魅力。真正有出息的男孩正直勇敢善良，他们也会因此而获得更好的成长，在人世间畅行无阻。

"可否来
参加晚宴？"
市长
对不起，我今天已经和
女儿约好了陪她过生日。
作为一个父亲，我必须
对女儿信守承诺
宝贝，
生日快乐！
谢谢爸爸！
总裁，有一个特别重要
的客户要与您见面！
工作虽然重要，客户也
很重要，但是陪伴我的
女儿才是最重要的。
昨天不好意思……
您对女儿能够做到一诺千金，
我相信您对客户也同样会如此，
所以我很愿意与您合作。

信守承诺，一诺千金

卡尔·威勒欧普是百事可乐公司的总裁。他工作非常忙碌，常常需要在下班之后加班，处理公司的一些紧急事务，或者参加很多重要的宴会。这天即将下班的时候，市长打电话给他，邀请他参加晚宴，他却毫不迟疑地对市长表示谢绝："对不起，我今天已经和女儿约好了陪她过生日。作为一个父亲，我必须对女儿信守承诺，否则，我在女儿心目中就没有诚信了。"挂掉市长的电话之后，卡尔亲自去为女儿选购了生日礼物，并且赶去游乐场与妻子和女儿汇合。

对于日理万机的卡尔而言，这是一个难得的节日。他把手机设置为关机状态，这样就不会有电话干扰他了，他也就能专心致志地陪伴女儿。然而，让卡尔没有想到的是，即便切断了联系，也依然有紧急情况需要他处理。正当卡尔看着女儿吹灭蜡烛，准备和女儿一起切蛋糕的时候，助理匆匆忙忙地赶来了，说有一个特别重要的客户要与卡尔见面。听到助理的话，卡尔感到非常为难："但是，我早就承诺女儿会陪伴她整个晚上。"助理看到卡尔为难的样子，很担心他会拒绝客户的见面请求，因而他委婉地提醒卡尔："虽然这个客户是临时提出见面的，但是他只会耽误您很短暂的时间，他对于整个公司而言都是非常重要的。"

在客户与女儿中间，到底应该选谁呢？如果失去这个客户，对于公司还是会有影响的，但是如果不能兑现对女儿的承诺，也许女儿会有遗憾。思来想去，卡尔转身告诉助理："我还是应该实现对女儿的承诺，我想你对客户说清楚原因，他应该可以理解的。你告诉他，我会另找时间登门拜访他。"对于卡

尔的解决方案，助理感到很为难，他再次提醒卡尔这个客户真的很重要。女儿看到卡尔满脸为难的样子，主动提出让卡尔先去工作，晚些再回来，但是卡尔非常坚定地说："工作虽然重要，客户也很重要，但是陪伴我的女儿才是最重要的。"

次日，卡尔打电话向客户表示歉意。出乎他的意料，客户非但没有因此怪罪于他，反而还非常赞赏他为人处事的风格。他对卡尔说："您对女儿能够做到一诺千金，我相信您对客户也同样会如此，所以我很愿意与你合作。"后来，卡尔与这位客户成为了非常好的合作伙伴，建立了长久稳定的合作关系，即使在他们双方的公司都遭遇变故的时候，他们也依然坚定地信任对方，支持对方，陪伴对方走过最艰难的时刻。

对于卡尔这样的大总裁而言，也许与客户的一次见面就能敲定很大金额的订单，也许与市长一起参加晚宴就能结识更多重要的人，但是他很清楚地认识到自己必须践行对女儿的承诺，否则又如何去践行对他人的承诺呢？作为一个父亲，只有践行对女儿的承诺，作为一个总裁，才能践行对客户和合作伙伴的承诺。正是因为卡尔的坚持，他非但没有得罪客户，反而还让客户了解了他的优秀品质，对公司也更加信任。

现实生活中，很多人为了赢得客户的尊重，为了把自己更好地推销出去，都会为自己制造一张非常精美的名片。他们认为名片代表着自己的形象，也代表着自己对细节的追求和对完美的执着。实际上，如果我们不能以诚信为无形的名片，即使我们有形的名片印刷得再精美，设计得再巧妙，也不能起到预期的作用。我们唯有重视诚信这张无形的名片，在每一件小事上都为诚信的大厦添砖加瓦，在每一件小事上都身体力行地做到守信于人，才能在成长的过程中真正地以诚信为人生奠基。

现代社会中，很多人都不讲究诚信，这使得整个社会的诚信系统岌岌可危。男孩要想培养自己诚信的品质，就要做到以下几点。

首先，要从小事做起。很多男孩认为一件事情微不足道，就对该事情不讲诚信，或者认为该事情是可以随意变通的。如果我们把变通变成一种习惯，认为自己每时每刻都可以变通，那么我们就会越来越轻视诚信的优秀品质。

其次，一定要养成守时的好习惯。守时是信守承诺的一个重要表现，在现实生活中，不管是面对工作，还是面对生活，我们都需要遵守时间。尤其是在与他人约定的情况下，如果我们迟到，那么对方就会浪费宝贵的时间。特别是在集体活动中，一个人姗姗来迟，就会导致所有人的行动计划都不得不推迟，这样就会给他人造成不可估量的损失。

再次，说出去的话如同泼出去的水，一旦做出了承诺，就要努力践行。事例中，卡尔的行为就给了我们很好的示范，这是因为卡尔在承诺女儿之后，不找任何理由和借口对女儿解释，而是排除万难践行对女儿的承诺。结果，他非但没有因此而失去客户，反而获得了一个忠心耿耿的合作伙伴。

最后，不要轻易承诺。很多人在做出承诺的时候都不假思索，他们兴之所至就冲动地做出了承诺，却丝毫没有想到自己应该如何兑现承诺，这就使得他们在面对承诺的时候非常被动，不知道自己应该如何做才能践行承诺。为了避免自己失信于人，我们在做出承诺之前要先考虑到承诺有可能引起的后果，这样我们的承诺才会更加慎重，也才会更有分量。

每个男孩都应该做一个信守承诺、一诺千金的人，毕竟如果男孩说出来的话轻飘飘的，那么就没有人愿意相信他。只有慎重地说出一些话，让这些话具有分量，掷地有声，这些话才能真正地变成现实，男孩也才能以诚信为根本，以诚信立人世。

以诚信为本，立世界之根

作为亿万富翁，摩根家族的创始人约翰·皮尔庞特·摩根的人生经历坎坷曲折，但是他最终战胜了一次又一次的危机，创造了生命的奇迹。

　　1835年，摩根还很年轻。他在一家公司里当普通职员，生活就像白开水一样平淡，波澜不惊。在当时，他对于生活并没有奢望，更不像他后来所表现的那样充满激情。他只想安安稳稳地工作赚钱，如果能在工资之外有一笔额外收入，那么他就更感到心满意足啦。

　　正是因为想在稳定的工资收入之外再有一笔收入，所以摩根才会在一家小保险公司招募股东的时候不假思索地签字，成为了保险公司的小股东。原来，这家保险公司招募股东的门槛特别低，并不要求股东拿出现金入股。不管是谁，只要愿意签字，就能成为这家保险公司的股东。这简直是天上掉馅饼的好事呀，摩根没有任何现金可以入股，但他又想获得小小的收益，就这样，他迫不及待地签字，也由此成为了这家小保险公司的股东之一。

　　在当时，保险公司还算是新兴事物，所以行业的竞争并没有那么激烈。原本，摩根以为这家保险公司会发展非常顺利，却没想到有一个客户在购买保险不久就发生了严重的火灾，根据赔偿条例，保险公司必须赔偿顾客的所有损失。刚刚开业不久就面临这样的巨额赔偿，使保险公司在一夜之间面临破产的困境。这个时候，那些靠着签字而成为股东的人全都要求退股，他们可不愿意非但没有分到红利，反而为此承受巨大的损失。但是摩根却没有跟风，他认为和金钱的损失相比，自己的名誉和信誉是更加重要的。正是出于这样的想法，他选择了和保险公司一起承担赔偿责任。

　　为了筹钱给投保人赔偿损失，他甚至卖掉了自己的房子，并且对于那些要求退股的股东，他还低价收购了他们所有的股份。他想尽办法，终于凑够了赔偿金，对客户做出了足额赔偿。就这样，他变成了保险公司唯一的所有人。既然公司已经濒临破产了，他索性要求参保的客户必须缴纳双倍的保险金。听起来，这简直是天方夜谭，毕竟保险公司刚开业就因为赔偿而濒临破产，现在居然要提高保险金，这简直让人难以置信。但是，包括摩根自己在内的所有人都没有想到，客户们在得知摩根给客户赔偿火灾损失的这种事之后，全都认为

摩根是非常讲信用的。他们对摩根的保险公司非常信任，甚至超过了对那些大保险公司的信任。虽然对于保险公司而言，火灾是一次沉重且致命的打击，但也正是借助于这样的机会，摩根才让大家都认清了自己的为人，也更加信任自己的保险公司。正是凭着这份诚信，摩根才能在保险行业里快速地崛起和发展。

看到这里，也许有男孩会认为摩根家族很幸运，火灾对于别人而言是灭顶之灾，但是对于他而言却变成了千载难逢的好机会。如果男孩们这么想，那就大错特错了，其实并非是火灾成就了摩根家族，而是信誉成就了摩根家族。在信誉面前，摩根宁愿亏损金钱，宁愿赔得倾家荡产，也不愿意对客户失去信誉，最终才能树立口碑，赢得所有客户的信任和大力支持。

也可以说，正是因为摩根具有诚信的品质，他才能化危机为契机，让保险公司得以快速发展。在人生的道路上，每个人都会面临各种各样的信誉挑战。例如在这个故事中，摩根在面对金钱的损失时，选择了维护信誉。有的时候，信誉与利益是相冲突的，还有其他方面的因素掺杂在其中，如情感、理性等。不管如何，我们都应该维护自己的信誉，因为只有以诚信作为立世的根本，我们才能更好地生存于世。

尤其是在现代社会中，诚信非常重要，一个人如果没有诚信，就会被他人质疑。不管我们是做人还是做事情，都要以诚信为根本，才能真正地在社会上站稳脚跟。

这个世界上还有什么东西比诚信更加宝贵呢？当然没有。如果我们因为那些身外之物，而选择放弃诚信的品质，那么我们最终非但不能减少自己的损失，反而会因此失去更多重要的东西。一个诚信的人，内心总是笃定从容的。一个诚信的人在失去之余，也会有很多收获。一个诚信的人，人缘会非常好，所以在遇到危难的时候，总会有很多人愿意对他慷慨地伸出援手。

与此同时，一个讲究信誉的人还会约束自己的行为，始终坚持自己对待生活的原则和底线。信誉就像空气，对于每个人而言都是不可缺少的，它看不见摸不着，却是最为重要的。古人云，"言必信，行必果"。这句话告诉我们，每个人都要践行诺言，维护信誉。现代社会是一个讲求信誉的社会，已经建立了非常完善的诚信体系，如果有人因为不讲信誉而伤害了他人，或者做出了违反道德事情，那么他们的生活就会受到很严重的影响，例如那些被列入黑名单的不诚信者，将无法购买火车票、飞机票等，这使得他们的出行受到了限制。其实，即使没有国家层面的制裁，一个人如果失去了信誉，也很难在人群之中站稳脚跟，更不可能获得他人的尊重和认可，也不可能做成自己想做的事情。每一个男孩都应该信守承诺，讲究诚信，这样才能为自己奔向成功打下坚实的基础，也才能让自己的人生拥有更加稳固的发展根基。

坚持正义，问心无愧

罗伯特·德·温森多是阿根廷大名鼎鼎的高尔夫球手。在参加锦标赛的时候，他拼尽全力赢得了冠军，捧回了奖杯。这次获奖的奖金也是很可观的，所以他对于自己在这次比赛中的表现非常满意。

很多记者闻讯赶来，想要采访温森多。温森多经历了这样的一场比赛，已经精疲力竭了。所以他在助手的帮助下突破了记者的重围，赶到停车场，准备开车回俱乐部，因为他很想好好地休息一下。当温森多来到停车场，走向自己的汽车时，一个年轻的女子愁眉苦脸地走向他。这位年轻的女子显然认识温森多，她当即对温森多在锦标赛中取得了这么好的成绩表示祝贺，接着她话头一转，对温森说："我可怜的孩子病得奄奄一息，也许他活不了几天了，但是如果我有钱送他去医院接受治疗，他就有可能活下来。我多么希望您能给我一些接济呀，这样我可怜的孩子就不用死去了。"听到年轻女子眼含泪水地讲述着，温森多动了恻隐之心，他原本就是一个很慷慨的人，现在更是毫不迟疑地掏出笔给这个年轻女子填写了一张支票。

年轻女子拿到支票之后，泪水涟涟，连声道谢。温森多对那个女子说："这次比赛的奖金很多，我把奖金全都给你，希望能够支付你孩子的医疗费用，让你可怜的孩子能够活下来，享受这美好的人生。"说着，温森多就驾车离开了。几天之后，温森多正在用餐的时候，一位官员走向温森多，询问道："上个星期，你在停车场里是不是资助了一位年轻的女士？她说她的孩子身患绝症，奄奄一息。"温森多点点头，说："那个女士很可怜，希望她的孩子平安无事。但是，你是怎么知道这件事情的呢？"

官员告诉温森多，停车场里的孩子一见到我就迫不及待地把这件事情告诉了我，他躲在角落里看到了整个过程。温森多欣慰地点点头。这个时候，官员继续说道："但是，我不得不遗憾地告诉你，那个女人是个不折不扣的大骗子，她还是一个单身的女孩呢，根本就没有结婚，哪来的孩子呢！她只是得知你刚刚拿到了一笔巨额奖金，所以想欺骗你而已。我亲爱的朋友，你真的太好心了。"

听到官员的话，温森多惊讶地瞪大了眼睛，脸上表现出欣喜的神采。他问官员："你是说，根本没有孩子要死了？"官员点点头说："的确如此，她根本就没有孩子，孩子是她凭空捏造出来的幌子。"温森多如释重负，他高兴地说："这一个多星期以来，这是我听到的所有消息中，最振奋人心的好消息了。"官员听到温森多的话感到非常惊奇，然而他在仔细思考之后，不由得对温森多产生了敬佩之心，情不自禁地对温森多竖起了大拇指。

对于很多人而言，当听到自己的巨额奖金被骗走时，一定会感到非常恼火。但是温森多的善良和正义是来自内心的，所以他宁愿自己的奖金是被骗走了，也不希望在世界的某一个角落里真的有一个孩子病得快死了。所以温森多才会说这是他所听到最好的消息了。

温森多有源自心底的正义，因此对于这件事情，他才能坦然应对。即使那个女人没有在撒谎，那么他付出了自己的奖金，让一个孩子得到救治，也是会让他感到开心的。即使那个女人是在撒谎，根本就没有孩子生病，他只是被骗走了奖金，那么他是更开心的，因为他并不希望有孩子真的生病，他只希望每个孩子都能健康快乐地成长。不得不说，温森多真是一个胸襟开阔、心地善良的人啊！

对于温森多，很多人都关注他在高尔夫球场上的表现，那么知道这件事情的人就会为他博大的胸怀、博爱的精神和正直善良的心灵而赞叹。温森多不仅仅是高尔夫球场上的冠军，也是人生的冠军，他如此热爱生命，如此慷慨待人，他值得一切赞美。即使得知那个女人骗去了他的大额奖金，也丝毫没有感到怨愤，他选择宽恕了那个女人。

现实生活中，很多人都没有温森多这样的胸怀，他们心胸狭隘，遇到小小的不如意，马上就会勃然大怒。尤其是在被他人伤害的时候，他们甚至还会因此而报复他人。俗话说，冤冤相报何时了。总是这样互相报复，使得他们永无宁日，只有学会宽恕，发自心底地宽容他人，我们才能更从容地面对很多情绪和感受，也才能赢得他人的尊重和支持。

学习包拯，明辨是非

北宋时期，很多人都知道包拯的大名，因为包拯是一个大清官，他总是为老百姓做主，清正廉洁，从来不贪污财富。正是因为有他主持正义，很多冤案、错案才得以沉冤昭雪。在很多影视剧之中，导演们都喜欢展现包拯的正义形象。作为观众，更是对包拯非常喜爱，尤其喜欢看包拯在判案的时候开动脑筋，很快就拨开迷雾露出真相的故事情节。

人们常以眼睛里容不得沙子来形容一个人非常正直，不允许任何罪恶的发生，包拯就是这样的一个人。包拯非常耿直，总是以真面目示人，而很少会在官场上以虚假的面目取悦他人。虽然他并没有做到游刃有余，结交很多人，反而因为嫉恶如仇而得罪了很多人，但是他心地纯良，从来不畏惧权势，而且他问心无愧，因为他做的都是自己认为正确的事情。反观他自己的生活，虽然他是朝廷中的重臣，但是他的生活特别清贫，每日粗茶淡饭，穿着粗布衣裳，一心一意只想为老百姓谋求福利。

那么，对于男孩而言，如何才能成为像包拯那样的人呢？

首先，要有明确的是非观念。很多男孩是非不分，而要想审理各种案件，作出准确的判断，就一定先要有是非观念。有些男孩从自身的主观角度出发，总是以自己的利益为准，这就导致他们对他人不公。也有些男孩以自己的偏好为准，根本就不讲究事实，更不愿意分析事实，这也使得他们在处理很多事情的时候不能做到公平公正。只有形成正确的是非观念，在处理和面对很多问题的时候才能知道什么是正确的、什么是错误的。

其次，不要徇私枉法。人是主观动物，每个人在考虑问题的时候都会从主观的角度出发，不知不觉间就会做出有利于自己的判断。基于这样的思维模式，他们不能做到秉公行事，所以男孩要坚决杜绝徇私枉法的行为。要知道，规矩和法律是为所有人制定的，每个人都要遵守，不要有所例外。

再次，要约束自己的行为举止，不能侵犯他人。一个人要想维护正义，自己首先要成为正义的拥护者，不能侵犯他人的基本权利，更不能伤害他人。很多非正义的行为都是以伤害他人为前提的，如果男孩做出了非正义行为，那么他就不能算是真正正直的人。在如今的法治社会中，每个人都应该在法律允许的范围内做各种各样的事情，每个人也都应该享有法律赋予他们的基本权利和义务，这样社会才能更加秩序井然地运行。

最后，要心怀宽容。俗话说，法不外乎人情。虽然法律是针对每件事情而制定的，适用于整个社会，但是在法律之外还有人情可言。我们这里所说的人情并不是让男孩徇私枉法，而是要求男孩考虑到实际情况，真正做到设身处地为他人着想，体谅他人的难处，这样在做出判断和决策的时候，才不至于伤害他人。虽然我们是依据法律做事，却要做到合乎情理，让他人心服口服，这才是我们的最终目的。

现代社会虽然是法治社会，人人都遵守法律，但是也有极少数人最喜欢钻法律的空子，或者因为自身心理扭曲变态而做出伤害他人、危害社会的事情，对于这样的人，我们是绝不能心慈手软的。对于那些不小心犯错的人，我们要心怀宽容，给他们改正错误的机会。总而言之，凡事皆有度，只有拿捏好分寸，男孩才能成为自己心目中的小包拯，才能真正做到明辨是非。

学习管仲，光明磊落

公元前658年，得知皇位空缺，流落国外的齐国公子纠和齐国公子小白都急急忙忙地赶回国内，想要赶在对方之前登上皇位。管仲是公子纠的支持者。为了阻挠公子小白赶回齐国，他还暗算了公子小白。公子小白虽然被管仲一支箭射中，但是他并没有受到严重的伤害，所以很快就赶到了齐国，登上了王位。这个时候，公子纠无处可逃，只好去鲁国暂时避难。管仲始终陪伴在公子纠的身边，到了鲁国之后，公子纠被人陷害而死。而管仲作为公子纠的拥护者，也身陷囚牢，不得自由。

公子小白登上王位，号称齐桓公。他心中始终牢记着管仲对他的一箭之仇，因而派人把管仲从鲁国带回齐国。在到达鲁国边境的时候，鲁国的士兵看到管仲，忍不住问押解的人："他犯了什么罪呀？"押解的人说："他射伤了我们的大王，看来必死无疑了。"

不想，负责戍守边疆的鲁国士兵早就知道管仲的大名，决定搭救管仲，以图管仲将来有朝一日坐上高位，还能接济他。想到这里。鲁国士兵就把自己的食物都拿来，双膝跪地，毕恭毕敬地献给管仲。

管仲想到自己这一路走来遭人嘲笑和虐待，看到鲁国的士兵居然对自己行此大礼，赶紧对士兵表示感谢。鲁国的士兵说："你回到齐国之后，有朝一日要是得到重用，可一定要报答我呀！"管仲暗暗想道：我受人滴水之恩当涌泉相报，但是这个人只是趁机向我索取报酬，而不是真正地同情我。想到这里，他一本正经地对鲁国士兵说："我身为朝廷的重犯，很有可能被判处死刑。如果我真的在齐国被加以重用，我也必然要录用品德高尚的人，按照他们的功劳给他们赏赐。你呢？对我而言，你根本不值一提，所以你无需借此机会想要利用我。对于你这种趁人之危勒索钱财的人，我是非常鄙视的。"鲁国的士兵大为恼火，但是对于管仲，他又无计可施。

　　到齐国之后，管仲得到鲍叔牙的大力推荐，非但没有因此而丧命，反而被加以重用。他果然如同自己当初对鲁国士兵所说的那样，坚持论功行赏，录用品德高尚的人，而坚决不重用那些小人。最终，管仲协助齐桓公成就了春秋霸业，他也被人尊称为仲父。

　　管仲身陷囚牢，缺衣少食，还处处遭人白眼和侮辱。在这样艰苦的境遇中，他没有允诺那个鲁国士兵什么。虽然他明明可以先假意奉承鲁国士兵，让自己得到更好的待遇，但是他宁折不弯，不愿意说出违心的话。这样的举动证明了管仲是一个真正富有正义感的人。反过来，也表现出那个鲁国士兵的小人品质。那个鲁国士兵趁人之危，想让管仲允诺给他特别的回报，却没想到遇到了管仲这样品行高洁的人，反而弄了个难看。

　　人应该是一个大写的人，有坚强的意志力，哪怕置身于糟糕的环境中，也能坚持做好自己该做的事情，说出自己真正想说的话。有些人在职场上或者是官场上总是曲意逢迎，对于那些官位比自己高的人，他们就处处巴结，对那些官位不如自己的人，他们就小看一眼，对于这样的人，我们是要敬而远之的。

　　在漫长的人生旅途中，每个人都会遇到很多艰难时刻，越是在艰难的时刻，我们越是应该坚持自己的原则，拥有良好的品质，切勿为了不正当的目的，就走所谓的捷径。任何时候，我们都要秉承公平公正的原则，不要违心地对他人做出一些承诺。我们要凭着真本事得到一切，而不能凭着投机取巧获得假意奉承。作为想要对他人伸出援手的人，我们则要真心地同情他人，敬重他人，而不要趁人之危，以此机会得到他人的特殊照顾，这样他人必然对我们心怀不满。

任何时候，我们做人做事都要光明磊落。如果我们内心还有各种龌龊的想法，那么早晚有一天会被他人识破。换而言之，即使我们暂时蒙蔽了他人，让他人在我们的威胁之下不得不妥协，日久天长，他人只要抓住机会，还是会对我们进行反抗。所以我们必须光明磊落，按照自己的心意行事，才能有更好的表现，也能如愿以偿地有所收获。

凭着良心做事情

最近这段时间，约翰因为在工作上表现突出，为公司研发出了一个非常好的新产品，所以荣升为公司技术部的主管。有一个客户以前和约翰有过短暂的联系，得知约翰成为公司的技术部主管，当即就打电话盛情邀请约翰共进晚餐。约翰虽然表示了拒绝，但是这位客户的盛情难却，最终约翰想到也许还有新的业务可以合作，便接受了客户的邀请。

客户把就餐的地点定在一个非常高档的酒店里。约翰见到客户之后赶紧说："就是吃个便饭，你怎么这么破费呢！普通的饭馆就好，在这样的大酒店里吃饭，真的是太隆重了！"客户站起来，伸出双手和约翰握手，对约翰说："您现在可是技术部的主管，在公司里是不折不扣的红人，我们作为您的合作公司，可是要全力配合您的。"

酒过三巡，约翰和客户吃喝尽兴。这个时候，客户暗示约翰说："您现在作为技术部的主管，有一个来钱很快的路子。如果您能把公司的技术数据告诉我的话，我让您不愁吃不愁喝，而且我绝对会做好保密工作，这件事情天知地知你知我知。"听到客户的话，约翰当即勃然大怒，他对客户说："我是公司的技术部主管，你怎么能对我提出这样的要求呢？我是否尽职关系到公司的生死存亡，现在我把公司的技术数据出卖给你，公司就会面临危机，而且这也不符合我做人的原则。"看到约翰的反应如此激烈，客户赶紧安抚约翰的情绪，对这件事情绝口不提。就这样，约翰很不开心地和客户吃了饭，后来再也没有联系过客户。

不久之后，公司因为经营不善宣布破产，约翰感到非常伤心。他失业在家的时间里一直在为去哪里继续找工作而发愁，这个时候，曾经的那个客户突然打电话给他，邀请他去公司面谈。约翰虽然很不喜欢这个客户的为人，但是既然现在正在找工作，他也不得不低头。他决定去见一见那位客户。没想到，他到了客户的公司之后，客户当即对约翰提出了丰厚的条件，想要聘请约翰当他的技术顾问。约翰非常惊讶，问道："上一次，我想我说的话你并不愿意听。那么，这一次，您为何会聘请我当公司的技术顾问呢？"客户笑起来，说："在整个行业内，谁不知道你的大名呢？我相信，当时你在前公司是值得前公司的老板信任的，现在你进到我的公司里，你一定也是值得我信任的。"原来如此。就这样，约翰因祸得福，反而得到了一份更好的工作，也得到了更为优厚的待遇。

很多人对于诚信的品质都不够重视，他们认为和诚信的品质相比，更快地赚取金钱是更为重要的。如果一个人的信用以金钱为基础，那么这样的信用是不可靠的。一个人正直善良的品质是与金钱毫不相关的。例如，他有钱有势的时候可以讲信用，他没钱没势、穷困潦倒的时候也依然讲信用。从这个意义上来说，不管是腰缠万贯的富翁，还是一贫如洗的穷人，他们诚信的品质都同样是无价之宝。

在这个社会上，充满了各种各样的诱惑，其中金钱的诱惑是让人最难以拒绝的，这是因为现在的社会生活中有很多事情都与金钱密切相关。如果没有金钱，我们就寸步难行，即便如此，我们也不应该向金钱妥协和屈服。越是在被金钱困住的时候，我们越是应该坚持。凭着良心做事情，坚持自己为人处事的原则和底线，是任何时候都不能打折扣的为人根本。

如果说出卖诚信能让我们暂时得到金钱，过一阵子的好日子，那么，坚持诚信则能够让我们永远获得他人的信任和认可，过一辈子的好日子。所以我们不管做人做事都要把目光放得更长远些，当面对诱惑的时候，一定要想到自己一旦抵制不住诱惑，就会付出怎样惨重的代价。

第八章

有出息的男孩乐于助人，慷慨大方

在这个世界上，没有人能够完全凭着自己的力量生存下来，这是因为人是群居动物，每个人都需要依靠他人的帮助才能更好地生存，获得更好的生活。有出息的男孩一定要有乐于助人的精神，在他人遇到难关的时候，要慷慨地对他人伸出援手，当他人遭遇困境的时候，要大方地给予他人以帮助。有的时候，男孩自身的能力是有限的，但是没有关系，对他人付出善心并没有统一的标准，只要能够竭尽所能地帮助他人，就是最棒的。

在偏远的山区里发生了非常严重的地震，那里的人们面临着困境。
把家里的废旧衣物给灾区寄过去。
新闻：贫困山区遭遇泥石流灾害
捐赠
妈妈，我愿意把我最喜欢的遥控汽车送给他们。
妈妈，我想那里的孩子一定很喜欢我的这条裙子，这是我最心爱的裙子。
邮局
把自己的东西，捐赠给需要帮助的人，才是真正的慷慨啊！

真正的慷慨是什么

在偏远的山区里发生了非常严重的地震，导致泥石流滑坡，整个村庄被掩埋了，那里的人们面临着生活无着落的困境。看到这样的新闻，丽丽感到非常难过，她很同情那里的人们遭遇这样的天灾，思来想去，她决定把家里的那些废旧衣物收拾收拾，找出一些还可以穿的衣服，给受灾的人们寄过去。

丽丽是个不折不扣的行动派，这么想着，她赶紧拿出几个大箱子开始收拾衣服。正在这个时候，女儿和儿子看到她不停地忙碌着，感到非常好奇，过来询问道："妈妈，你在干什么？"丽丽停下手中的活儿，对女儿和儿子说："贫困的山区里发生了地震，那里的人们缺衣少穿，所以我想给他们寄一些生活的物资。有一些衣服，虽然咱们已经穿旧了，或者不想再穿了，但对于他们来说一定非常需要吧。"听到妈妈这么说，七岁的女儿眼睛里满含着泪水，她想了想，转身回到自己的屋子里，拿出了最心爱的公主裙。看到女儿的举动，丽丽感到非常的惊讶，她带着询问的目光看着女儿。女儿对丽丽说："妈妈，我想那里的孩子一定很喜欢我的这条裙子，这是我最心爱的裙子。"女儿话音刚落。九岁的儿子也受到了启发，他赶紧回到自己的屋子里，拿出了他最喜欢的遥控汽车，也放到了丽丽面前。他对丽丽说："妈妈，那里一定有跟我差不多大的孩子，他们说不定还没有见过遥控汽车呢。我愿意把我最喜欢的遥控汽车送给他们。"听到儿子和女儿说的话，丽丽深受感动，她停下了手中的活儿，拿着手中那件破旧的羊毛衫沉思了片刻，把羊毛衫又放回了衣柜里，转而拿起了自己上个月刚刚买的那件桃红色的羊毛衫。她想：这件衣服的颜色虽然很鲜艳，但是对于遭遇困境的人而言，如果能够因为这鲜艳的颜色而重新燃起对生活的希望，那么他们就会更加努力地拼搏，不会放弃吧！

丽丽和孩子们一起去邮局寄出了这些物资。回到家里，孩子们因为太累了，很快就睡着了。看着熟睡们的孩子们，她突然意识到孩子的付出才是最无私的，他们把自己最喜欢的东西送给了他人，而她自己呢，她只想着把破旧的衣物送给那些需要帮助的人，看来孩子们才是真正慷慨的啊！

什么是真正的慷慨？如果只是把自己废弃不用的东西捐给他人，这不是慷慨，而怀着对他人的同情和分享的心态才叫慷慨。在这个故事中，丽丽的女儿和儿子所做的举动才是真正的慷慨，他们发自内心地想要与贫困灾区的孩子们分享，女儿捐出了自己最喜爱的公主裙，儿子捐出了自己最喜爱的遥控汽车。在付出这些的时候，他们的心中真正地进行了思考，也进行了艰难的取舍。

真正的慷慨是把我们真心喜爱的东西分享给他人，真正的慷慨也是最纯粹的慷慨，没有任何的私心杂念。对于那些已经准备要扔掉的东西，将其送给那些需要的人不是慷慨，而是顺水人情，所以对于慷慨，我们也应该有崭新的认识。

现代社会中，虽然大多数孩子都生活无忧，拥有很好的学习和生活条件，但是也有少部分孩子依然挣扎在贫困当中，他们生活的地方偏僻落后，非常闭塞，他们甚至没有专门的老师来传授知识。很多孩子小小年纪就不上学了，为家里做各种各样的杂活，对于这些孩子，我们应该竭尽所能地帮助他们，因为只有他们努力学习，拥有未来，他们的家乡才能发生翻天覆地的改变，我们的祖国才能繁荣富强。

现实生活中，很多人都会捐献一些衣物或者是不用的书本给希望工程，那么在捐献这些衣物或者书本的时候，我们要更多地想一想，孩子们真正需要的是什么，也要更多地想一想，我们是在捐赠还是在施舍。如果有条件，我们也可以支援孩子们读书。在贫困山区，每个孩子每年读书的费用并不多，如果我们能够付出一些金钱帮助他们改变命运，那么对于他们的一生而言都是重大的转折。

当然，慷慨地对待那些需要帮助的人，还可以表现在给予他们精神上的支持。例如有一些大学生在大学毕业后，并不着急挣钱养活自己，就可以去贫困山区支教。虽然从大城市进入贫困山区，生活会有很多的不适应，但是当我们最终能够战胜那些艰苦的生活条件，为那些贫困山区的孩子带来真正的改变时，我们的内心将会非常充实而又愉快。

富妈妈更要"穷"养孩子

萝莉是一家房地产经纪公司的副总，她大学毕业后就进入这家经纪公司工作，一直以来都奋斗在销售的第一线，创下了辉煌的战绩。直到去年，萝莉荣升为公司的副总，在总部做管理工作，当然，她的收入也水涨船高。得知妈妈的收入突然之间翻了好几倍，儿子小伟非常开心，他当即就缠住妈妈说："妈妈，这下你可以给我买我想要的最新款苹果手机了吧！"

原来，小伟一直都很想要最新款苹果手机，但是妈妈却总是以赚钱不容易拒绝他。现在家里的收入一下子翻了几番，小伟当机立断又提出了这个请求，没想到妈妈却对他说："你是一个学生，正在读高中，没有必要使用最新款的苹果手机。我认为，如果你想要使用苹果手机，那么你可以等到大学毕业之后自己赚了钱，想买几个买几个。现在，你使用的手机是我淘汰下来的手机，还很新呢，所以你完全可以继续使用。"

听到妈妈这样毫无情面的回答，儿子感到非常沮丧。他嘀咕道："不想买就不想买呗，就是个小气鬼！"妈妈对于儿子的抱怨不以为然，她对儿子说："每个人要想痛痛快快地花钱，就要花自己挣的钱，对于别人给的钱，必须非常节俭。"

萝莉不仅不允许儿子买最新款的手机，在生活上也对儿子高标准、严要求。儿子班级里很多同学都穿着名牌的衣服鞋子，一件衣服要上千块，一双鞋子也要大几百。儿子穿着普通的衣物，常常遭到同学们的嘲笑，他也会在妈妈面前表达不满。妈妈却对她说："衣服鞋袜都是身外之物，只要能够起到它们的功能作用就可以，衣服能保暖，你并没有挨冻，鞋子可以穿着跑步行走，不会让你感到脚很疼，这就已经足够了。你才小小年纪，千万不要和别人比吃比喝比穿着，将来谁有那么多钱供养你呢？当你自己真正地走上工作岗位开始挣钱之后，说不定你挣的钱还没有现在花的多呢，那么你又要如何生活呢？总而言之，我要你艰苦朴素，也要你节省金钱，这样你才会更健康地成长。"

在妈妈的要求之下，小伟在生活方面真的非常简朴，而且养成了节约的好习惯。班级里，很多父母都抱怨孩子每个月的零花钱不计其数，小伟妈妈却从来没有这方面的烦恼。后来，小伟上了大学就开始自主创业，努力赚钱，大学还没毕业就开了属于自己的公司，和很多年轻人花钱如流水完全不同。小伟的公司虽然一直保持盈利的状态，但是小伟却依然过着如同之前一样的简朴生活，他把赚来的钱都用于发展公司上，取得了更加伟大的成就。

很多父母觉得自己有钱，可以给孩子提供最优渥的生活，就会无限度地满足孩子的各种需求和欲望。其实人的欲望是永无止境的，如果父母不懂得拒绝孩子的不合理请求，那么孩子的不合理请求就会越来越多。虽然父母有义务为孩子提供成长的条件，但是父母却不能因此而纵容孩子。孩子只有从小多吃苦，才会知道生活的甜得来不易，孩子只有感受到挣钱很辛苦，才能够珍惜金钱，所以父母一定不要纵容孩子，而是要坚持引导孩子养成正确的金钱观和合理的消费观，这样孩子才能在金钱方面有更出色的表现。未来孩子长大成人，在开拓事业的时候，也会更加节约。

看到这里，很多男孩一定会感到有些惭愧，因为他们自己也常常会因为提出不情之请而被父母拒绝。父母拒绝孩子有很多原因，例如孩子要吃的是垃圾食品，不利于健康；孩子索要的玩具家里已经有了，再买一个完全是浪费；孩子追求的名牌东西超出了家庭经济的能力范围，不利于维持家庭生活。也有一些父母本身生活并不优裕，经济条件并不好，但是他们却不顾自己，一心一意地只想为孩子提供最好的，满足孩子所有的希望。这样的父母会娇纵孩子，使孩子渐渐地养成对金钱索求无度的坏习惯。

无论是穷妈妈还是富妈妈，都应该坚持穷养孩子，让孩子知道家中的每一分钱都得来不易，不能挥霍浪费。如果孩子想花钱，就要把钱花在该花的地方，产生最大的效力，这样孩子才能形成财富观，也才能形成理财和节约的意识。毕竟人生的道路是很漫长的，没有人会始终得到充足的金钱肆意消费，孩子早早地养成了合理支配金钱的好习惯，对于他们的成长将大有裨益。

具体来说，男孩要养成勤俭节约的好习惯，就要做到以下几点。

首先，不盲目地追求名牌。如今很多青春期的男孩会有攀比心，当发现班级里有孩子穿着名牌的服装和鞋子时，他们就会盲目跟风。当发现有其他孩子使用新款的手机时，他们也会非常羡慕。其实，不管是吃穿用，还是住和行，或者是其他方面的消费，只要能够满足孩子基本的需求就可以，无须盲目地与他人比较。

其次，要学会降低自己对于各种物质的欲望。从生理的角度来说，维持生命的正常运转只需要很少的物质，但是人们为何偏偏陷入欲望的深渊之中无法自拔呢？就是因为他们纵容自己在物质方面的欲望，导致自己的欲望越来越大，最终呈现出不可控制的状态。男孩如果从小就能够理性地控制自己的消费欲望，他们就能成为金钱的主人。

再次，家里不管是有钱还是没钱，都不要无限度地满足孩子的欲望和需求。如果纵容孩子养成了一味追求奢侈的坏习惯，那么孩子就会消费无度，索求无度，并且不知道感恩。

最后，男孩要养成合理消费的好习惯，要有计划消费的意识。每年春节的时候，孩子都会得到一笔压岁钱，在日常的生活中，孩子们每个月还会得到零花钱。对于这些钱如何去安排，孩子一定要做好计划。虽然这些钱的总额并不多，但是在给这些钱制订计划的过程中，孩子会对金钱有更具体的认知，也会在思考的过程中意识到把钱花在哪些地方是最好的、最合理的，这样他们的金钱消费观就会大大提升。

比尔·盖茨为何捐献财产

众所周知，比尔·盖茨是微软帝国的创始人，拥有大量财富，在世界富豪排行榜上，比尔·盖茨是首屈一指的。但是让人惊讶的是，比尔·盖茨并不想把这些财富留给自己的子女，而是决定在去世之前捐献出自己的所有财富，总额高达460亿美元。比尔·盖茨为何会做出这样的决定呢？要知道，有多少父母想方设法地赚取钱财，要给孩子留下更多的财富，为何比尔·盖茨偏偏反其道而行呢？其实比尔·盖茨不仅决定捐出自己的财产，他还成立了基金会。他的基金会规模很大，已经超过了世界上最大的慈善机构韦尔科姆基金会。他和妻子近些年来一直共同致力于管理基金会，也给了很多人以帮助。

和很多慈善家都是在年纪比较老迈的时候才开始做慈善不同，比尔·盖茨是一个非常年轻的慈善家，这是因为他总是一边赚钱一边捐钱。那么，比尔·盖茨之所以拥有这样的智慧，与家庭对他的影响是密切相关的。比尔·盖茨的父母都是基金会的志愿者。他们一边悠闲安适地过着中产阶级生活，一边致力于募集资金，也会在饭桌上当着孩子的面商讨这些资金应该如何使用的问题。因为孩子们都还年纪尚小，对于金钱并没有很充分的认知，而且对于父母所做的事情，他们也不能够完全理解，所以父亲和母亲常常需要对孩子们解释基金会到底会有怎样的作用，慈善事业又有怎样的意义。在父母言传身教的影响之下，比尔·盖茨与妻子一起投身于慈善事业，致力于发展慈善事业。

对于比尔·盖茨而言，他把自己的大部分钱都拿出来捐助给世界上需要帮助的人，只是因为他在这么做的过程中获得了满足，也感受到自己生命的意义和价值。对于他而言，赚钱已经不再是最终的目的，帮助他人才能让他感受到自身的存在是有意义的，而且在帮助他人的过程中，也让钱发挥了最大效力。作为世界首富的比尔·盖茨是一个真正拥有智慧的人，他的智慧不仅仅在于赚钱，更在于无私付出。当他让财富如同善意和爱一样，在这个世界上流转开来，他就真正地成为了社会上不可或缺的人。

在中国做慈善的企业家是比较少的，在西方国家有很多企业家在拥有了一定财富之后，都会热衷于做慈善，这是因为他们在金钱上已经获得了满足，在物质上也已经非常富足，那么他们接下来要追求的就是通过奉献获得精神上的提升。虽然我们只是普通人，并不能像比尔·盖茨、巴菲特那样的世界富豪一样去捐献出大量金钱，让更多的人因为我们的付出而受益，但是我们却依然可以坚持乐于助人的品质，坚持慷慨大方地待人。虽然我们的能力是有限的，但是只要我们竭尽所能地帮助他人，我们依然可以为这个社会做出贡献，依然可以让这个社会变得更加温暖。

从内心深处来讲，我们应该为自己每一个小小的善举而感到满足。例如，我们没有那么多钱捐出去，但是我们可以给贫困山区的孩子邮寄一些文具用品，这些文具用品并不要花费太多的钱，却能够让他们更快乐地学习，有书包可以用，有铅笔可以写字。再如，我们也许没有那么多的财力去做自己想做的事情，但是我们可以收拾自己用过的旧书本和旧衣服邮寄给贫困山区的孩子，这样同样可以让这些物品继续发挥效用。此外，在班级的生活中，在校园生活中，对于身边那些需要帮助的同学，我们也可以慷慨地伸出援手。如果有同学摔倒了，我们可以扶起他们；如果同班同学有题目不会做，我们可以耐心地讲解给他们听。总而言之，每一个小小的善举都会让我们获得莫大的满足。当我们习惯于帮助他人，我们就会散发出更大的善意。对于做慈善而言，有多少钱并不是最重要的，最重要的是我们要有一颗慷慨友善的心，我们要心甘情愿、竭尽所能地帮助他人，这才是重中之重。

感恩，更要言谢

　　费米是美籍意大利物理学家，他从小就非常聪明。十岁的时候，他就能够解开数学上的难题。在中学读书时，他的学习更是特别超前。后来，他考入了师范学院，因为一篇独树一帜的论文获得了助学金。费米就是现在人们所说的学霸，他在学习上的表现让很多人都望尘莫及。但是，费米可不是一个为了学习废寝忘食的学霸，他非常活泼调皮，经常花费很多心思搞恶作剧，曾经弄得老师和同学们都苦不堪言。

　　十八岁那年，费米依然童心未泯。有一天，老师正在讲台上讲课，其他同学全都投入地听讲，费米却和同学拉赛迪窃窃私语。原来，他们早就学会了老师所讲授的知识，正在自得其乐地玩臭气蛋呢。他们动手制作臭气蛋，不想，一个臭气蛋爆炸了，弄得教室里臭气熏天，老师生气地离开了教室。得知这件事情，学校里的很多老师因为曾经被费米捉弄过，所以纷纷联名请校长开除费米。

　　眼看着费米没有机会继续上学了，这个时候，实验课的老师站出来为费米讲话。他说，费米之所以在课堂上不听讲，是因为他已经学会了课堂上的知识。要想让费米专注地听讲，就要给费米讲授更多的知识，这样费米才能被吸引，专注地投入学习。在实验课老师的引导下，费米在学习上突飞猛进。果不其然，因为接触到更深层次的知识，他没有时间调皮捣蛋了。后来，他获得了诺贝尔物理学奖，并且在世界上第一颗原子弹的诞生工作中做出了巨大的贡献。

　　费米在获得诺贝尔物理学奖之后享誉世界，也在物理学领域做出了极大的成就，但是对于老师的恩情，他从来没有忘记。有一次，他在说起老师的时候深情地说："如果没有老师，就没有今天的我。"

　　费米作为大名鼎鼎的物理学家，始终记得自己的老师，更何况是我们呢？每一个人都应该牢记老师对自己的教诲，对于生活中其他那些对自己有恩的人，我们也应该时刻谨记在心。一旦受了他人的恩情，我们不要对此一言不发，而是要积极地对他人表达感谢，唯有如此，我们才能表达感恩之心，也才能得到他人的认可。

俗话说，师恩难忘，也有人说一日为师，终身为父，这些话都是对老师表达的敬意。那么，生活中除了老师之外，还有很多人是需要我们感恩和感谢的，例如我们的父母，甚至包括我们身边的陌生人。如果他们曾对我们伸出援手，对于我们的人生也起到了很重要的作用，那么我们就要及时地对他们表达谢意。

很多人会选择把自己对他人的感激之情放在心中，这样的做法其实是不对的。人都是独立的生命个体，所以即便是非常亲近和了解的两个人，也不可能不通过语言沟通就心意相通。所以一定要通过互相沟通的方式来表达心意，这样才能与他人更好地交流，自身也能获得成长。

在对他人表示感谢之后，虽然我们没有任何实质性的东西可以感谢他人，但是至少他人知道了我们的心意，知道了他们对我们的付出已经被我们感知和接收到了，这对于他人而言同样是很大的安慰。反过来看，如果我们有能力，那么我们就要尽量地回馈他人，例如给他人一定的帮助，对他人全力支持，这些都是我们回馈他人的好方式。人与人之间的关系总是相互的，我们要想得到他人的尊重，就要先尊重他人；我们要想得到他人的馈赠，就要先馈赠于他人；我们要想得到他人的认可，就要先认可他人。总而言之。人际关系总是相互的，我们想要从他人那里得到什么，自己就要先付出什么，感恩同样如此。

大方与小气，不像你想的那样

作为大名鼎鼎的企业家，福特的曝光率很高，很多人都认识福特。一个周末，纽约一家小报的记者杰克在酒店中偶然邂逅了企业家福特，当时，福特拿着菜单正在向服务生询问结算的金额。他很委婉地提醒服务生："小伙子，这个账单是不是算错了呀？你再来仔细核对一下吧。"对此，服务生毫不迟疑地回答："不可能算错的，您就照单全付就行。"福特并没有因此而放弃努力，虽然和他同行的几位企业家已经离开了餐桌，走向门口，但是他还是站在酒店的前台，拿着账单让服务生认真核算。

这个时候，服务生很不耐烦地说："我的确多收了您五十美分，我认为您这么富有，不会为这些钱而计较的，这是因为我们零钱准备得不够充分，所以五十美分……那么……您看吧，也并不会起到很大的影响。"听到服务生这么说，福特马上一改柔和的表情，满脸严肃，他对服务生说："你说错了，这与我有多少金钱并没有关系，我非常在意你们的细节。"听到福特这么说，服务生只好极不情愿地打开收银机，在里面找到了五十美分递给福特。对此，福特满脸坦然，从容地接过五十美分，转身离开了。

看到福特匆匆离开的背影，服务生忍不住抱怨道："这么一个大富翁，居然计较这五十美分！"这个时候，杰克站起来对服务生说："小伙子，你要是这么说可就大错特错了。就在刚刚，福特捐了五千万美元给慈善机构，这是他愿意捐献的。但是你呢，你在没有经过客人同意的情况下，多收了客人五十美分，所以这件事情彻头彻尾就是你错了。在福特心里，五千万美元和五十美分同样重要，五千万美元是他心甘情愿捐献出去的，五十美分是你应该找给他的，所以如果你不能弄明白这个道理，你就永远当不了合格的服务生。"

杰克的话使服务生感到非常羞愧。这件事情虽然小，却表现出了福特成功的理由，即福特会认真地对待每一件微小或者重大的事情，不会有丝毫懈怠。

杰克说得很有道理，福特先生不管有多少钱，也未必意味着他不会计较这五十美分。当然，他计较这五十美分也并不意味着他不能做一个慷慨大方的富人，致力于福慈善事业。从五十美分看起来，福特很小气，从五千万美元看起来，福特又很大方，为何这两件看似极端的事情会同时集中在福特的身上呢？他虽然慷慨，却不会浪费自己的每一分钱，他虽然大方，却不会粗心大意含糊其辞，所以福特既乐善好施又斤斤计较。青少年朋友们应该向福特学习，知道什么才是真正的慷慨。有些青少年朋友在外出购物的时候往往大手一挥，让对方不要找零了，但是当国家有难需要捐款的时候，他们却舍不得把自己的零花钱捐献给灾区。不得不说，他们这才是本末倒置的行为呢！

那些幼稚的人会不合时宜地表现出自己的大方，展现出自己对金钱不屑一顾，真正的大富豪却从容地向服务生要回自己的五十美分，也从容地向慈善机构捐献五千万美元，这才是慷慨真正的意义所在。

具体来说，青少年朋友们应该对自己的父母很慷慨，因为父母一直以来都为养育孩子而辛苦地工作，坚持付出。所以，青少年朋友们要对父母有感恩和回报之心。对于身边的朋友，青少年们也应该非常看重，因为正是在朋友的陪伴下，我们才能享受更多的快乐。朋友也常常为我们分担痛苦，我们在朋友的陪伴下，与朋友一起健康地成长。对于老师，我们更是应该心怀感恩。在任何情况下，我们都要想着对老师表达感恩之情，也要给老师以更好的对待。对于自己，我们同样要很看重，因为人只有拥有健康的身体，才能做好事情，也只有拥有充实的心灵，才能以开阔的眼界看到更高更远的地方。总而言之，慷慨是我们应该有的人生态度。

对手，是我们最好的榜样

诺贝尔从小学习成绩非常优秀，他在班级里每次都能够位列第二。他为此感到特别苦恼，因为那个叫博奇的学生每次都考得比他更好，位于班级第一名。对于这个同学，诺贝尔真是又爱又恨，他之所以"爱"这个同学，是因为这个同学始终是他的榜样，值得他去追赶；他之所以"恨"这个同学，是因为有这个同学的存在，他永远也得不了第一名。所以诺贝尔对于博奇的感情，是非常复杂的，难以言传。

有一段时间，博奇身患重病，没有办法坚持上学，不得不请假在家休养。得知博奇请假的消息，很多同学都高兴地对诺贝尔说："诺贝尔，太好了，你终于可以当我们班的第一名了！"诺贝尔得知这个消息之后却并不开心，反而有些郁郁寡欢。放学之后，诺贝尔把自己在课堂上做好的笔记和作业全都带去博奇家里，他决定给博奇补课。就这样，诺贝尔每天都坚持去博奇家里，向他讲述老师传授的新知识。虽然博奇很长时间都没有来上学，但是重返学校之后参加第一次考试，他依然考取了第一名的好成绩。诺贝尔毫无疑问还是第二名。对于诺贝尔的名次，同学们都感到遗憾极了，有些同学还质问诺贝尔："博奇这么长时间没上学了，你怎么还考第二名呢？"对此，诺贝尔只是笑了笑，一声不吭。

同学们哪里知道，诺贝尔在博奇休学的这段时间里，每天都去给博奇上课。正是因为如此，博奇的成绩才丝毫没有受到影响，很快就追赶了上来，依然在班级里稳居第一。不得不说，诺贝尔的胸怀是值得同学们学习的。诺贝尔长大之后一直对于化学研究非常感兴趣，他始终致力于研究硝化甘油。他在去世之后，把自己的遗产作为基金，设立了各个领域的五个奖项，用以奖励那些在相关领域中做出杰出贡献的人，是至今为止世界领域内各个学科的最高奖项。

从诺贝尔对待博奇的态度上，以及诺贝尔把自己的所有财产用于设置奖项来激励大家进行科学研究的安排上，我们可以看出诺贝尔拥有博大的胸怀，他从来不吝啬自己的任何收获，总是怀着乐于分享的精神与他人一起进步，一起成长。虽然诺贝尔总是排名第二，但是他的名气远远超过了永远考第一的博奇。尤其是在当今的世界上，诺贝尔奖更是每一位伟大的科学家都想获得的奖项，这更是说明了诺贝尔以他的宽容博大，以他的努力和实力，永远地活在人们的心中，永远地活在世界的最高领奖台上。

作为男孩，我们应该有博大的胸怀。虽然我们也想得第一，我们也想获得成功，但是这要靠我们自身通过努力去实现，而不能靠着打压别人得以实现。任何时候，我们只有懂得与他人合作，懂得努力贡献出自己的力量，才能与他人共赢。尤其是在现代社会中，分工与合作越来越密切，一个人如果明哲保身，不愿意融入团队之中，那么他的力量就是非常小的。任何时候，我们只有融入团队中，才能获得更大的成就和成功。换言之，合作的人越多，我们获得成功的概率也就越大。

俗话说，看一个人的底牌，看他的朋友；看一个人的实力，看他的对手。很多男孩在与对手展开竞争的时候，不知不觉间就会迁怒于对手，认为自己如果帮助了对手，就会遭遇失败，其实这是非常狭隘的竞争思想。人们常说，友谊第一，比赛第二，虽然我们在与竞争对手竞争的过程中不能把第一拱手让于对手，但是这并不意味着我们与对手成为了敌人。尺有所短，寸有所长，如果我们能够以竞争对手为榜样，学习竞争对手的优势和长处，那么我们就能够与竞争对手之间展开深度竞争，互相促进，互相成就。

当我们真正地战胜了竞争对手，也就获得了莫大的成功；当我们能够与对手携手并肩一起前行，那么我们的实力就会成倍增长。总而言之，我们一定要善待竞争对手，因为竞争对手是成长道路上陪伴我们的人，是成长道路上一直鞭策和勉励我们的人，正是因为有他们的存在，我们才能够迈开大步，勇敢向前。

第九章

有出息的男孩乐观坚强，从不畏惧人生风雨

有出息的男孩乐观坚强，不管面对生活怎样的打击，他们始终都能微笑以对。正是因为有这样优秀的品质，他们才能熬过人生中的困境，才能迎来人生中柳暗花明的新境界。即使面对人生的风风雨雨，他们也决不畏缩和退却，在风雨的历练中，终将长成参天大树。

我好绝望，
坚持不下去了。
孩子，你想要与蒂娜共度人生，就必须勇敢坚强地活下去，否则你就再也没有机会见到她了。记住，一定要活着！
集中营
终于自由了！
男孩顽强地坚持着。
亲爱的，
我们终于团聚了！

不被负面情绪所左右

第二次世界大战时，集中营里关押了大量的普通百姓，条件非常恶劣。不但缺衣少食，而且又脏又乱。很多人在集中营里并不是因为受伤或者是生病而死亡，而是因为心理崩溃，对生完全失去了希望。人一旦放弃了对生的希望，就会很快地丧失生存的意志，因此而陷入死亡的绝境之中。

在集中营里每天都有大量人死去的情况下，年轻人卡亚却始终顽强不屈地活着，一直等到盟军前来救援，解放了集中营，他才得以获得自由。那么卡亚为何能够如此坚强地面对集中营恶劣的生存环境，始终也不放弃生的希望呢？原来，卡亚被抓进集中营的时候，正在与女友蒂娜筹办婚礼。他非常爱他的女友，也想要和蒂娜一起度过美好的人生。然而，在进入集中营之后，非人的折磨和对待使他很快因为极度的恐惧而陷入了绝望之中，他的精神饱受折磨，情绪颓废沮丧，对生不再抱有任何希望。

卡亚被抓入集中营是不幸的，但是卡亚也是非常幸运的，因为在集中营里，他遇见了一位充满智慧的犹太老人。这位老人看到年轻的卡亚即将崩溃，失去了求生的意志，总是想方设法地鼓励卡亚。如对卡亚说："孩子，你想要与蒂娜共度人生，就必须勇敢坚强地活下去，否则你就再也没有机会见到她了。记住，一定要活着！"老人的话让卡亚渐渐恢复了冷静，他想到蒂娜正在盼着他回家呢，因此下定决心一定要活下去。

虽然在集中营里忍饥挨饿，吃不饱穿不暖，而且环境极其恶劣，但是卡亚始终在非常努力地调整自身的情绪。因为每天只有一碗汤和一块很小的面包，所以卡亚的身体越来越消瘦，但是他的精神状态却很好。看到骨瘦如柴的卡亚充满了求生的意志,那位犹太老人感到非常欣慰。

卡亚在集中营里度过了五年的时间。在集中营非人的环境之中,很多人都死去了,只有卡亚和其他少数人活了下来。他终于迎来了最终的胜利,获得了自由。在很多年之后,卡亚把自己在集中营里的经历写了出来,变成了一本书。他在书的扉页中感谢了那位老人对他的忠告,使他能够在悲伤绝望的情绪弥漫的情况下,坚强地恢复了求生的意志,顽强地活了下来。

集中营堪称人间地狱,很少有人能够在集中营里活下来,但是卡亚却做到了。他不幸地被抓入集中营里关押起来,却又幸运地得到了犹太老人的忠告,正是因为如此,他才能控制好自己的情绪,始终心怀求生的希望,艰难地在集中营中熬过五年,最终成功地走出了集中营。

众所周知,人之所以能够挺直脊梁,是因为人有脊柱作为支撑。实际上,人在精神上也是有支柱的。如果人没有精神的支柱,那么精神很快就会被击溃,所以不管在如何艰难的环境中,有出息的男孩都要守住自己的精神防线,都要始终心怀求生的希望,都要有顽强不屈的意志力。这样即使身处艰难的困境中,我们也能够保持坚强乐观的心态,凭着坚韧不拔的意志力迎来最终的胜利。

从心理学的角度来说,情绪是一种体验和感受,它看不见摸不着,非常微妙,存在于我们的思想、情绪和感受之中。对于负面情绪,我们一定要对其加以掌控,而不要任由情绪肆意蔓延,尤其是在内心感到崩溃的时候,我们更要能够主宰和控制负面情绪,理性地面对各种糟糕的事情,成功地走出情绪的低谷。当我们真正做到主宰和掌控情绪,我们就渐渐地走向了成熟,也能够更好地创造人生。

具体来说,要想走出情绪的低谷,男孩要做到以下几点。

首先,对于不能改变的客观事实,我们不要与其对抗,更不要排斥和抵触,而是要发自内心地接受。既然这些事实是客观发生的,无法改变,那么一味地想要去改变,只会让我们徒增烦恼而已。我们既要学会改变世界,也要学会适应世界,这样才能更好地生存。

其次,要专注地做自己喜欢做的事情,要努力实现自身的价值。很多男孩一旦处于情绪低潮,就会对所有事情都兴致索然。与其让自己在这样颓废的状态中浪费宝贵的生命,不如努力去做自己喜欢的、感兴趣的事情。人们常说,兴趣是最好的老师,在做自己感兴趣的事情时,我们的心态就会渐渐地发生改变,这是非常有效的转移注意力的方法,可以帮助我们在最快的时间内消除负面情绪,重新提起兴致。

再次,要发展自己的兴趣爱好,要让生活富有情趣。人生总是给我们带来各种各样的坎坷磨难,如果我们处处都和别人进行攀比,陷入无意义的攀比状态之中,那么我们的内心就会越来越空虚。很多人还会为了追求身外之物而忙个不停,渐渐地迷失了自己。其实,幸福与金钱、名利和权势都没有必然的关系,我们应该更加关注自己的内心,唯有内心感到充实,我们才会感受到真正的幸福。

最后,端正对待苦难的态度。很多人面对苦难都怀有强烈的抵触心理,认为是苦难把自己的生活变得面目全非,恨不得马上就把苦难从自己的生活中彻底清除出去。殊不知,苦难是人生的常态之一,我们唯有怀着坦然的心境面对苦难,才能竭尽全力地战胜苦难。正如一位名人所说的,苦难是人生最好的学校,只有从这所学校中毕业,我们才能变得更加坚强,所以我们要正确地对待苦难,还要借助于经历苦难的时刻磨练自己的意志,让自己在与苦难博弈的过程中变得越来越强大。

总而言之,每个人的情绪都不可能始终保持高昂的状态,人人都会有情绪低落的时刻。在这样的时刻里,我们要始终心怀希望、满怀憧憬地面对各种各样美好的事物。我们唯有充满动力去面对这些事物,做好自己该做的事情,才能克服负面情绪,以快乐为支点,撬动起整个人生。

面对挫折，微笑面对

2008年，四川汶川发生了大地震，那场地震令全世界都感到悲痛。很多人在地震发生后的第一时间就奔赴四川，带着物资，带着力气，想要为那里的人们贡献出一份力量。一个正在读初中的女孩在地震过去二十个多小时后，被从废墟中救了出来。这场地震又会怎样改变她的人生呢？让人们感到惊奇的是，对于一个年仅十几岁的女孩而言，被埋在废墟下二十多个小时，她肯定已经惊慌失措、绝望透顶了，但是女孩在被救出来的时候脸上带着笑容。在后来治疗的过程中，虽然她承受了很多的痛苦，但是她脸上的笑容却如同阳光一般照射进所有人的心中。

在很多关于现场救援的照片中。有一张照片给人留下了非常深刻的印象。在女孩的头顶上悬挂着一根输液的管子，她的身体被废墟掩埋着，只露出了一个脑袋，但是她的脸上丝毫没有哭泣的痕迹，也并不感到惊恐。她的微笑就像开在废墟上的一朵花，让每一个看到的人都为之动容。正是因为看到了女孩的微笑，很多人才感受到了生活的美好。有人把女孩的微笑誉为地震中最美的微笑，女孩也始终以这样的微笑迎接命运的沉重打击。虽然这场地震使女孩失去了双腿，但是她从未感到悲哀和绝望。不管是面对救援人员，还是面对医护人员，她总是微笑着鼓励大家"不要哭，我们一定要勇敢"。

这场地震发生的时间是下午两点多，很多孩子都坐在教室里上课，所以在这场地震中，很多孩子都被埋在废墟之下。女孩认为自己非常幸运，和那些被永远被埋在废墟下的同学相比，她得到了命运的眷顾。虽然她失去了双腿，但是她依然活着。女孩对命运心怀感激，即使知道自己必须接受截肢手术，她也安慰父母："我还可以安上假肢，还能去跑步，还能够进行各种各样的运动。"虽然我们不知道这个乐观的女孩现在命运如何，生活的状态又怎么样，但是她拥有如此乐观坚强的精神，一定能够以笑容与命运进行抗争。

人们常说生活就像是一面镜子，一个人如果对着生活笑，那么生活就会

有出息的男孩乐观坚强，从不畏惧人生风雨 第九章

回馈给他微笑，一个人如果对着生活哭，那么生活就会回馈给他哭泣。任何时候，生活都不会是完全顺遂如意的，面对生活的坎坷、挫折和磨难，我们与其哭着怨天尤人地度过生命中的每一天，还不如笑着从容地应对命运给予我们的所有打击和磨难。唯有如此，我们才能拥有来自心底的坚强，我们才能始终心怀希望，坚强不屈地迎接命运的各种挑战。

人生是一场未知的旅程，我们不知道在人生未来的道路上会有怎样的经历，又会看到怎样的情景，但是只要我们坚持不懈地行走人生之路，只要我们勇敢执着地努力奋斗，命运一定会给我们最好的回报。

作为男孩，每当清晨醒来的时候，对着镜子，看着镜子里熟悉而又陌生的自己，应该告诉自己什么呢？如果镜子里的我们愁眉苦脸，那么我们的心情一定会非常压抑和沉重，如果镜子里的我们喜笑颜开，微笑就像绽放在心底的花朵一样明艳，那么我们一整天都会有好心情。

在现实的生活中，很多事情是我们凭着主观的意志和努力可以改变的，也有很多事情是我们凭着主观的意志和努力无法改变的。既然如此，我们就要努力改变可以改变的一切，也要坦然接受不能改变的一切。唯有坚持这样去做，我们才能以更好的态度面对人生，也才能真正地敞开怀抱拥抱人生。任何时候，笑容不但会灿烂他人的眼睛，更会璀璨我们的内心，在笑容背后，我们有着一颗坚强勇敢乐观的心，正是这颗心支撑着我们在生活的各种境遇中始终努力向上，顽强不屈。

人们常说，心若改变，世界也随之改变。面对不如意的人生，很多人总是愁眉苦脸，这只会导致人生的情况越来越糟糕。反之，如果我们能够怀着乐观的心态面对，如果我们能够始终坚强不屈，那么我们对于人生的态度也会随之改变。心理学家认为，人的情绪可以控制行为，如今心理学家经过更进一步的实验研究发现，行为也可以反过来改变情绪。所以在情绪不佳的时候，我们可以假装微笑，假装高兴，时间久了，我们就会真正地乐观开心起来。在生活中，很多男孩总是故作深沉，与其为赋新词强说愁，不如经常练习微笑，既可

以对着镜子微笑，也可以对着身边的人微笑。你会发现，身边的人也一改往常的模样，对你微笑起来。人们常说，爱笑的人运气总不会很差，这句话告诉我们，笑容不但可以让我们和身边的人感到愉悦，还可以影响我们的生活，所以男孩们不要再犹豫了，赶紧放下高冷范儿，真正开心地微笑起来吧。

心若改变，世界也会随之改变

在科举考试的年代里，有一个举人千里迢迢赴京赶考。他历经辛苦，终于来到了京城，投宿在一家旅店里。因为过于紧张，担心考试的成绩，在等待考试的几天里，他接连做了三个梦。第一个梦是在墙上种白菜；第二个梦是下雨天，他不但打着伞，还戴着斗笠；第三个梦是背靠背地跟喜欢的女孩躺在一起。古人尤其信奉周公解梦，所以举人赶紧去找算命的人为自己解梦。

听到举人描述的梦境，算命的人连声大叫道："罢了罢了，你注定考不中。你想想，墙头上种白菜，那白菜又长不大，岂不是白费功夫吗？打着雨伞还戴着斗笠，意思就是多此一举。背靠背地和喜欢的人躺在床上，这意味着你跟喜欢的人之间根本不可能有所发展。这三个梦都告诉你，你去参加考试只是瞎子点灯白费蜡，你还不如现在早早回家呢，还能够早一点回到家里。"听到算命的人说了这些话，举人马上陷入了绝望之中。他失魂落魄地回到旅店，最终决定听从命运的安排，不参加科举考试，而是当即打道回府。

经过几天的相处，旅店老板知道举人是来参加科举考试的，也知道举人的家距离京城特别远。看到举人历经千辛万苦，好不容易赶到京城，而且马上就要参加考试了，现在却要回家，旅店老板感到特别惊讶。他赶紧追问举人到底发生了什么事情，举人把自己找算命的解梦的事情原原本本地告诉了旅店老板，旅店老板忍不住哈哈大笑起来，说："你呀，你呀！与其花钱找算命的人给你解梦，还不如找我呢！要知道，我可是最会解梦的，这十里八乡的谁不来找我解梦呢！大家都认为我解梦特别灵，要不，我给你解解梦？"举人心灰意冷地说："就算你给我解梦，我也是白费劲，有什么意义呢？"

旅店老板对举人说："你可不能这么想，说不定你遇到的算命先生就是个江湖骗子呢！你听听啊，墙上种白菜，别人家的白菜都种在地里，你的白菜却种在墙上，墙比地高多少呀？这不就是高中吗！下雨了，你打着伞，还戴着斗笠，这说明你这次准备充足，有备无患，所以我认为这可是个吉兆，说明你一定能够考中。第三个梦就更是一个好兆头了。你与喜欢的人背靠背地躺在床上，你要是想抱住她，不就得翻过身来，才能把她抱在怀里吗？这说明你到了翻身的时候啦。总而言之，我认为这三个梦都是吉兆，你只要全力以赴地参加考试，一定能够高中！"

在旅店老板的一番解说之下，原本灰心丧气的举人又产生了希望。他兴奋地投入复习中，准备参加考试。果然，一切正如旅店老板所预料的那样，举人在这次考试中的成绩非常好，真的高中了。

举人虽然读书很多，却没有什么主见，听到算命先生说他这次是瞎子点灯白费蜡，他就当即要收拾行李打道回府了。幸好旅店老板看出了他的异常，并且想尽办法地帮助他解开心结，让他放下了心里的包袱，全力以赴参加考试，这样他才能在科举考试中获得好成绩。从这个故事中我们也可以看出，对于每件事情，我们都可以从不同的角度进行解读。当一个方面的解读会影响我们的心境时，我们何不选择以积极乐观的态度从另一个方面解读这件事情呢？

每个人都有很大的潜能，潜能就像隐藏在我们心中的宝藏，我们要将其尽力挖掘出来，就要心怀希望，要对自己有信心。生活中，太多的人之所以一事无成，或者总是与失败纠缠，就是因为他们对于人生失去了信心，在人生中的很多重要时刻都看低了自己。以辩证唯物主义的思想来分析，我们要看到事物的两面性。即使面对生活的纷繁复杂，我们也同样要坚持把生活一分为二。必要的时候，我们应该换一个角度看待问题，这样我们才能豁然开朗。

在生命的旅程中，每个人都会遭遇各种各样的不如意，与其因为这些不如意而感到心灰意冷，沮丧绝望，不如选择换一个角度看待这些不如意，有效地改善自己的心境，从而让整个世界都随之改变。这样我们的人生才能充满希望，我们的内心才能充满力量。

举一个简单的例子，一个人被困在沙漠里，已经口渴得无法忍受了，突然他发现沙漠里有半瓶矿泉水，看起来还能喝呢。如果一个乐观的人看到这半瓶矿泉水，一定会欣喜若狂，因为至少还有半瓶水可以帮他多延续一会儿生命，说不定在此期间就能够遇到救援的人。但是一个悲观的人却可能很沮丧地想：只有半瓶水，我几口就喝完了，对于我根本就不能够起到决定性的作用，我索性把这半瓶水也倒掉吧，这样还能早一点获得解脱。这就是悲观者与乐观者截然不同的心态。

生活中既有顺遂如意的时刻，也有坎坷艰难的时刻，既有平顺的道路，也有崎岖难走的道路。我们要走哪样的道路，并不在于世界提供给了我们怎样的选择，更多的时候取决于我们的心态，取决于我们面对道路的态度。任何一件事情都既有好处，也有坏处，所以我们一定要学会一分为二地看待问题，也要学会调整自己的心态。

乐观地面对一切

安迪·格鲁夫是英特尔公司的总裁。他拥有大量财富，在美国首屈一指。不过，安迪·格鲁夫小时候的生活非常穷困，因为家境贫寒，他小小年纪就不得不为生活而四处奔波。他总是缺衣少食，不管走到哪里都被人嘲笑。正因如此，安迪·格鲁夫非但没有自暴自弃，反而更加倍地努力，因为他想通过努力改变自己穷困的命运。

还在上学的时候，小小年纪的他就表现出非凡的商业才能。他很有商业头脑，也能够抓住各种商机。他从各个地方收购半导体零件，组装之后再卖给同学们。这样，他就可以赚取组装费。同学们都很喜欢买他组装的半导体收音机，因为这些收音机不但非常便宜，而且一旦坏了，还可以找安迪·格鲁夫进行维修，售后是很有保障的。这使得安迪·格鲁夫小赚了一笔。

安迪·格鲁夫不但很有商业头脑，在学习方面的表现也非常突出。在班级里，他是最勤奋的学生，每当遇到难题的时候，他从来不放弃，会绞尽脑汁地苦思冥想。看到安迪·格鲁夫虽然出身贫苦，学习上却出类拔萃，老师们都非常喜欢他，班级里的同学也都非常钦佩他。然而，大家都不知道，看似坚强努力的安迪·格鲁夫，却常常陷入悲观的状态，被绝望困扰。

在创业的过程中，安迪·格鲁夫几次遭遇危机，甚至还曾多次破产。在经历了第三次破产之后，他受到了沉重的打击，常常想要轻生。有一次，他独自在河边散步，一想到自己辛苦打拼的家业一夜之间全都蒸发了，他甚至想要跳入湍急的河水中，让自己获得彻底的解脱。正在这个时候，一个青年背着鱼篓迎面朝着安迪·格鲁夫走了过来。安迪·格鲁夫看到这个青年脸上挂着笑容，口中还哼着小曲儿，看起来特别快乐，不由得感到很纳闷儿。他站在那里，等着年轻人走过自己的身边。他不知道的是，这个快乐的年轻人叫拉里·穆尔，后来成为了他不可或缺的左膀右臂。

等到拉里·穆尔经过身边时，安迪·格鲁夫问道："先生，你今天收获很好吗？"拉里·穆尔笑着回答："不，我今天连一条鱼都没有捕到，我的鱼篓是空的。"说着，他还把自己的鱼篓给安迪·格鲁夫看。安迪·格鲁夫看到鱼篓里空空如也，连一条小鱼也没有，不由得感到更加困惑了。他对年轻人说："我看到你这么开心，还以为你的鱼篓里一定装满了鱼呢！"

这个时候，拉里·穆尔注意到安迪·格鲁夫神情沮丧，眼睛里写满了绝望。他笑着告诉安迪·格鲁夫："捕鱼最重要的是过程，而不是结果。至于卖了所换到的钱，和快乐相比更显得无足轻重。你难道没有发现吗？今天的晚霞特别美,就连这条河水也变成了绯红色的,简直太美丽了!"说完,拉里·穆尔指着河水给安迪·格鲁夫看。安迪·格鲁夫看着天边的晚霞和在晚霞映衬下绯红的河水,心情突然变得好了起来。他打消了轻生的念头,决定努力拼搏,东山再起。

在安迪·格鲁夫的努力下,英特尔变成了半导体行业的巨头。因为英特尔的成功,安迪·格鲁夫也成为了美国首富。后来,安迪·格鲁夫三顾茅庐,几次去邀请拉里·穆尔当他的助理。拉里·穆尔一开始婉言谢绝,但最终还是接受了安迪·格鲁夫的盛情邀请。从此之后,拉里·穆尔与安迪·格鲁夫成为了伙伴。很多人对于门外汉拉里·穆尔都表示质疑,他们认为拉里·穆尔既不懂半导体生产,也不懂电子器械,他们更想不明白安迪·格鲁夫为何一定要让拉里·穆尔当他的贴身助理。安迪·格鲁夫说:"我并不需要拉里·穆尔为我提供专业上的知识和商业上的金点子,我只是希望能够时刻感受到他乐观的人生态度和从容面对苦难的豁达心胸。这样我才能够时刻保持清醒,不会因为陷入悲观的状态就做出冲动的举动。"

不管做什么事情,最重要的都是过程而不是结果,结果只能代表我们的成败,过程才能代表我们是否有所收获。和那些因为畏惧失败而选择止步不前的人相比,我们即使遭遇失败,也至少获得了经验,知道了如何避免失败,也知道了怎样做才能距离成功更进一步。所以我们应该关注过程,这样我们才能保持乐观的心态,从容面对不如意的结果。

安迪·格鲁夫说的很正确,虽然拉里·穆尔并没有值得他仰仗的专业技能和商业奇才,但是拉里·穆尔发自内心的乐观豁达,却是他更为需要的。作为有出息的男孩,我们应该拥有比天空更为宽广的胸怀,这样我们才能海纳百川,淡然迎接生命中的各种际遇。

胸怀豁达、乐观坚强的人,就像生命力顽强的野草,哪怕面对人生的风风雨雨,他们也绝不放弃,而是始终全力以赴。哪怕面对人生的坎坷挫折,他们也绝不懊恼,而是从容淡定。为了帮助自己保持乐观的心态,男孩们应该做到以下几点。

首先,要认识到生活并不会完全令人如愿。正如人们常说的,生活不如意十之八九，这就为我们揭示了生活的真谛。既然生活并不会让我们完全顺心如意，我们更应该坦然地接受生活的不如意，甚至接受生活的打击和磨难，而不要怀着抵触的心态与生活较劲，更不要排斥和抗拒生活。当我们把一切都视为理所当然时，我们就更容易接受命运的所有赐予和馈赠。

其次，学会一分为二地看待问题。俗话说，塞翁失马，焉知祸福。每件事情都既有好处，也有坏处。当我们遇到好的事情时，不要得意忘形，而要想一想这件事情有可能带来哪些不好的结果；当我们遇到坏的事情时，不要灰心沮丧，而是要想一想这件事情有可能带来一些出人意料的欣喜。我们要学会原谅自己，也要学会原谅他人，这样才能在看待问题时采取更为客观公允的态度。

最后，我们要学会降低自己的欲望。每个人都有很多欲望，如果我们任由欲望不断地发展，那么欲望就会变本加厉。正确的做法是降低自己的欲望，对于每个人而言，只要做到简单生活，就更加容易得到满足。

此外，知足常乐也能减少我们抱怨的次数，让我们对于一切都心怀感恩。当我们保持平静祥和的心态，乐观地面对一切时，我们就会更快乐，也会更知足。

你快乐吗

作为美国前海军陆战队队员，米切尔曾经不止一次地被命运开玩笑，但是面对命运残酷的捉弄，他从来没有放弃抗争和博弈。他始终心怀希望，在战胜坎坷命运的同时，让自己变得更加强大，让自己发自内心地感受到快乐和幸福。

米切尔因为一次意外事故被严重烧伤。他全身至少65%的皮肤都重度烧伤，为了修复这些被烧毁的皮肤，他经历了十六次手术。每次手术，他都感受到极度的痛苦，但是他从来不会为此而抱怨。虽然烧伤的后遗症使他在很长一段时间里都无法使用刀叉，无法拨打电话，甚至无法独立如厕，但是他依然坚强地面对命运的磨难。生命力是非常顽强的，尤其是对于米切尔而言，他全力以赴地治疗，全力以赴地进行康复训练。让人感到难以置信的是，才过去短短的六个月，他居然恢复到能够驾驶飞机的程度。米切尔对于自己的康复能力非常满意。他说："虽然我经历了这样沉重的毁灭性的打击，但正因如此，我才获得了人生中一个新的起点。"

　　重新起飞的米切尔对未来充满了信心，他为自己买了一架飞机，还在科罗拉多州购买了一栋房子定居。同时，他还开了一家属于自己的酒吧。看起来，一切都在朝着好的方向发展，命运好像想补偿米切尔一样，使他的人生进入了崭新的发展阶段。米切尔意气风发，还与朋友合伙开公司，把生意做得风生水起。他万万没有想到，命运在跟他开了残酷的玩笑之后，居然又和他开了一个更加残酷的玩笑。顺风顺水的日子才过了四年，米切尔就再次发生了意外事故，这次意外事故更加严重，他驾驶的飞机坠落了，米切尔的十二块脊椎骨因为受到巨大的力量冲击而全部粉碎。这意味着他从腰部以下的部分都完全瘫痪了，面对这样的打击，米切尔又会怎么做呢？

　　正当所有人都以为米切尔这次一定会一蹶不振的时候，他却依然勇敢坚强地进行康复训练。他虽然瘫痪了，只能坐在轮椅上，但是他却坚持独立自主地照顾自己。后来，他还竞选成为镇长，为建造美丽的小镇做出了很大的努力。总而言之，一切正常人会有的伟大梦想，米切尔都有。他努力学习，乐观坚强，最终，他不但考取了硕士学位，还能继续驾驶飞机四处演说，并且致力于环保运动。米切尔的人生非常精彩，并没有因为命运一次又一次的玩笑而失去快乐。

　　每当说起快乐，很多男孩都会感到纳闷，因为他们不知道自己为什么要快乐，仿佛生活中没有什么事情是值得他们欢笑的。米切尔的切身经历告诉我们，快乐是源自我们心底的清泉，快乐并不需要很多理由。虽然米切尔因为两次意外事故导致严重烧伤，也导致腰部以下永远瘫痪，但是他并没有就此放弃自己快乐的权力。他依然坚持做自己喜欢做的事情，继续开飞机，继续四处演讲，继续参与公司事务，继续为了环保而做出努力。命运对于米切尔无疑是非常残酷的，但是米切尔的快乐却最终打败了命运，让命运不再对他伸出魔爪。

如果你也可以看出快乐是一种非常强大的力量，对于人生的各种不如意，快乐能够吓退，也能够战胜。那么面对人生一切的挫折坎坷，你都会始终积极乐观，这才是最为理智的选择。在让自己快乐起来的过程中，我们可以运用一些方法，帮助自己保持平和的心境。

首先，我们要坚强不屈，就像事例中的米切尔一样。他虽然几次被命运开了残酷的玩笑，却从来没有因此而放弃努力。这种坚强不屈的精神最终能够吓退命运，让命运对我们缴械投降。真正的失败不是因为我们受到了伤害，也不是因为我们面对障碍，而是我们彻底放弃。只要我们怀着一颗充满希望的心，永远不放弃努力，我们就不会遭遇彻底的失败。

其次，要坚持自省，完善自我。每个人都不是绝对完美的，每个人都有各种各样的缺点，如果我们盲目自信，认为自己表现得非常好，那么我们就会过高地评估自己。如果我们盲目地自卑，认为自己一无是处，那么我们就会陷入沮丧的情绪状态之中。孔子说，一日三省吾身，我们要坚持自我审视，客观公正地看待和评价自己，这样才能发挥自己的长处，避开自己的短处。

再次，我们要看到自己值得肯定的地方，要为自己获得的小小成就而感到喜悦。虽然每个人对自己的期望都很高，希望自己能够获得最伟大的成功，但是这样的成功并不是一蹴而就的。很多时候，即使我们非常努力，也未必能够真正地获得想要的成功，但是在努力的过程中，我们一定会有所收获。所以不管怎么样，我们都应该认可自己，都应该发现自己的闪光点，这样我们才能获得小小的成就感，并且以此来激励自己继续努力，不懈进取。

最后，要增强自己的心理承受能力，勇敢地面对挫折。很多人面对挫折打击时总想逃避，也有一些人因为害怕失败而选择止步不前。其实，真正的失败就是无所作为。在努力尝试的过程中，哪怕真的遭遇了失败，我们至少能够从中获得了经验和教训，这样的失败不是真正意义上的失败，而是我们进步的一种方式。在面对挫折和困难的时候，我们一定要努力提升自己的心理承受能力，让自己坚强面对。

如今，很多男孩从小生活在优渥的家庭环境中，得到父母的和长辈所有的关注和爱，得到他们无条件的大力支持，这会让男孩承受挫折的能力得不到发展，使他们只是遭遇小小的磨难，就想要放弃，甚至深受打击。在成长的过程中，男孩应该有意识地提升自己承受挫折的能力，这样才能像蜡梅一样迎风傲雪绽放，像青松一样在艰难的环境中依然挺拔成长。

第十章

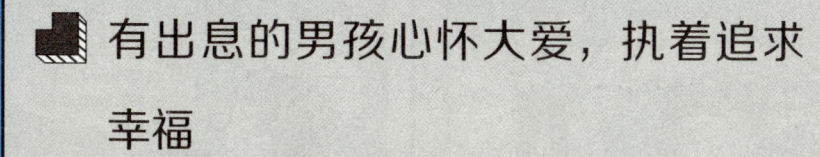

有出息的男孩心怀大爱，执着追求幸福

有出息的男孩一定要心怀大爱，只有对这个世界怀有博大的爱和深切的关怀，才能获得幸福。如果男孩总是明哲保身，把自己与整个世界孤立开来，让自己与身边的人保持着遥远的距离，那么男孩就不可能真正获得幸福。当然，要想获得幸福，男孩还要正确看待身外之物，也要怀有积极的态度面对身边的人和事。总而言之，幸福是源自心底的一种感受，有出息的男孩值得拥有幸福。

哈哈哈!
看他那个奇怪的样子!
因为从小患上了小儿麻痹症，加加的双腿严重扭曲，这使得他走路的时候非常吃力。
好想和他们一样自由自在地玩耍……
修鞋
难道你就一点烦恼都没有吗？怎么还是这么爱笑呢？
我怎么能没有烦恼呢？但是我很知足呀，我相信自己是最幸福的。

相信自己，相信幸福

因为从小患上了小儿麻痹症，加加的双腿严重扭曲，这使得他走路的时候整个身体都要匍匐到接近地面的程度，非常吃力。虽然学校离家很远，但是爸爸妈妈都要忙着干活挣钱，所以加加只能自己步行去学校。同学们看到加加在地上往前挪动的样子，都感到非常震惊，有些同学还会嘲笑加加。有些同学虽然关心加加，但是他们很怀疑以加加这样的状况根本不可能坚持完成学业。出乎他们意料的是，加加一直在坚持上学，而且风雨无阻。哪怕天气情况非常恶劣，他也会早早地出门，准时到达学校。

虽然身体的条件很糟糕，但是加加每天脸上都笑呵呵的。他非常努力地学习，却在学习上并没有太大的起色。他的成绩在班级里始终排名倒数，但是他依然坚持上学。每到课间，同学们在操场上自由自在地玩耍，加加只能坐在教室里，透过窗户看着大家。他的眼睛里满是羡慕。每当有同学看向他的时候，他就会笑着和同学打招呼。有些同学虽然家庭条件非常好，要什么就有什么，但是他们却从不开心，看到加加乐呵呵的样子，他们全都非常羡慕。

初中毕业后，加加就辍学了。转眼之间，十几年过去了，很多同学都已经大学毕业了。加加从上完初中就开始学习修鞋的技术，这是因为爸爸妈妈都希望他有谋生的能力。因为身体严重残疾，加加一直没有找到结婚的对象。后来，有人给他介绍了一个聋哑人，他才终于结婚了。

多年以后，当年担任班长职务的同学，现在混得风生水起，事业有成。有一次，老班长回到老家过年，看到加加在街边给人修鞋，就赶紧过去和加加打招呼。加加笑嘻嘻地和曾经的老班长说话，老班长惊讶地说："你上学的时候就总是爱笑，现在咱们都已经人到中年了，难道你就一点烦恼都没有吗？怎么还是这么爱笑呢？"

加加笑着说："我怎么能没有烦恼呢？但是我很知足呀，我相信自己是最幸福的。你看我这么严重的身体残疾，还有一个那么好的女人愿意嫁给我，虽然她是聋哑人，听不见我说话，也不能够跟我说话，但是她非常贤惠，我们的儿子也特别健康，现在正在读小学，学习成绩也很好，我真是发自内心地高兴呀。"

听到加加的话，老班长感慨不已，他由衷地对加加说："我们的同学中，有人当了大老板，有人当了大官儿，还有人当了大学教授，看起来好像每个人都过得比你好，但是上次我们同学聚会的时候，他们全都不停地抱怨，认为自己生活得很不如意。我想，他们都应该向你学习，用心去感受幸福。"

对于自己所拥有的一切，如果我们不知道满足，不相信自己是幸福的，那么我们就会感觉很糟糕。反之，如果我们知道满足，也相信自己是幸福的，那么我们就会很庆幸自己的际遇。在这个故事里，加加虽然有严重的身体残疾，而且娶了一个聋哑的女人做妻子，但是他却庆幸自己和妻子的孩子是非常健康的，学习成绩也很好，所以他的幸福感特别高。一个真正幸福的人，一定是发自内心感恩的人，也坚信自己必将获得幸福，这样才能离幸福越来越近，直到拥抱幸福。

曾经有一位名人说，这个世界上并不缺少美，缺少的只是发现美的眼睛。我们也要说，这个世界上并不缺少幸福，缺少的只是能够感受幸福的心灵。每天早晨，当我们从睡梦中醒来。看着阳光从窗户处照射进来，呼吸着新鲜的空气，我们为何不能感到满足和快乐呢？在这个世界上，每一分每一秒都有人因为各种各样的原因离开世界，我们还健健康康地活着，这岂不是最大的幸运吗？在平时的生活中，我们想吃什么就可以吃什么，我们的冰箱里有足够的食物，我们穿着非常厚实的衣服抵御寒冷，我们也有一些存款可以应对突发的情况。我们难道不是幸福的人吗？我们的身边有最爱的人陪伴，我们呵护和照顾着自己的孩子，眼看着孩子健康快乐地成长，我们还有能力赡养父母，这不就是最大的幸福吗？每个人都是幸福的，之所以每个人对幸福的感受不同，是因为有人相信自己是幸福的，而有人却坚信自己是不幸的。男孩应该调整好心态，相信自己非常幸福。即使面对坎坷境遇，即使面对不能满足的欲望，男孩的幸福感也不应该打折扣。

物质不是幸福的必备条件

很久以前，亚洲的一位国王克罗伊斯非常富有。他统治的王国人民安居乐业，生活富足。有一年夏天，住在大海对面的所罗门飘洋渡海来到亚洲旅行。所罗门在希腊是赫赫有名的大人物，负责制定雅典的法律，是人人敬仰的智者。

有一天，所罗门去美丽的宫殿里拜访克罗伊斯，看到所罗门登门拜访，克罗伊斯感到非常骄傲，因为他早就听说所罗门是希腊最聪明最有智慧的智者。当天晚上，克罗伊斯设宴邀请所罗门。

罗伊斯问所罗门："所罗门，你知道在这个世界上谁最幸福吗？"克罗伊斯之所以这么问，是因为自负的他希望所罗门认为他是全世界最幸福的人，但是所罗门沉默片刻说道："在我所见过的人中，住在雅典的穷苦人特勒斯是最幸福的人。我想，世界上没有谁比他更幸福了。"

听到所罗门的回答，克罗伊斯大失所望。他追问道："你为什么会这么认为呢？一个穷苦人有什么值得幸福的呢？"

所罗门娓娓道来："特勒斯非常诚实，他一直辛辛苦苦地工作。虽然他的家境很贫寒，但是他却为孩子们提供最好的教育。等到孩子们终于可以独立生活了，他就去军队中服役，并且在战斗中付出了自己宝贵的生命，你觉得还有谁比他更幸福呢？"

克罗伊斯继续追问所罗门："那么，除了特勒斯之外，你认为谁是这个世界上最幸福的人呢？毕竟特勒斯已经去世了，我想听你说其他人。"

这次，克罗伊斯深信所罗门会回答克罗伊斯是最幸福的人，然而，所罗门继续娓娓道来:"有两个穷苦的希腊年轻人,他们是世界上最幸福的人。他们从小就失去了父亲,家境非常贫寒,但是他们很快就长大成为男子汉。他们辛苦地工作养活母亲,他们的母亲为拥有这样的儿子而感到骄傲。等到母亲去世之后,他们就为了雅典城邦付出了自己所有的心力和爱。他们完全忘我,所以他们是最幸福的。"

克罗伊斯生气极了,他当即责问所罗门:"你为何不说我是世界上最幸福的人呢?我拥有至高无上的权力,拥有世界上最多的财富,你却总是说那些穷人才是最幸福的。"

这个时候,所罗门说:"尊贵的陛下,在您度过您的一生之前,没有人知道您是否真的幸福,因为灾难总是不期而至。虽然您现在拥有大量的财富,拥有至高无上的权势,但是没有人能预知您未来会怎样。"

所罗门的预言果然成真了,后来,居鲁士国王率领他的军队征服了很多国家,克罗伊斯国王的国家也被居鲁士征服了。从此之后,克罗伊斯变成了阶下囚。他在监狱中痛苦地熬过艰难的岁月时,终于想起了所罗门所说的话,但是这个时候已经无法挽回了。

克罗伊斯虽然拥有大量的财富,也拥有至高无上的权力,但是正如所罗门说的,一个人在去世之前并不能够确定自己这一生是否真的幸福,这是因为人生总是充满了变数。从另一个意义上来说,虽然获得幸福需要具备很多条件,但是物质并不是衡量一个人是否幸福的条件之一,甚至不能被用来衡量一个人是否幸福。这是因为物质和金钱都是身外之物,我们的幸福应该是源自于心底的纯真感受。

很多人被物欲所累,在拥有大量物质和财富的时候春风得意,在失去大量物质和财富的时候垂头丧气。其实,真正的幸福源自于一颗平和的心,只有保持平和的心态,我们才能坦然面对得失,也只有保持平和的心态,我们才能从容应对人生的起起落落。

从心理学的角度来说,幸福是一种主观的人生态度。每个人对待人生的期望不同,对待人生的态度不同,他们感受到的幸福也就是不同的。作为一个普通而又平凡的人，男孩一定要让自己拥有更加幸福的感受，让自己内心变得更加充实。有些男孩家境普通，那么不要因为自己拥有的东西不够多而感到苦恼，而是要想一想自己每天都可以和父母朝夕相处，吃着一日三餐，这是多么平淡朴实的幸福呀！有些男孩虽然拥有丰富优渥的物质条件，但是父母却因为忙于工作，忙着打拼事业，而很少有机会陪伴在男孩的身边，这样他又怎么会感到幸福呢？举个简单的例子，大富豪在很短的时间内赚了一个亿，他也许会感到很快乐，但他却不会感到特别幸福。相比之下，一个缺衣少食的乞丐在寒冷的冬日里行乞的时候，得到了一碗温热的粥，并且还被允许在这户人家的厨房里靠着火炉边睡一晚上。他有吃有喝，还有地方睡觉，对他而言，因此而获得的幸福感是无法言喻的。所以我们可以说，幸福就是一种感受，与物质无关。

既然如此，要想获得幸福，男孩就应该端正自己的心态，要适度地期望生活，学会知足常乐，这样才能始终与幸福相伴。

保持良好心态，幸福不请自来

作家玛丽有两样爱好，一是爱好文学，二是爱好大自然。正因为如此，她在自己家小小的花园里种满了各种美丽的鲜花，一年四季总有鲜花盛开，陪伴和守望着她。有的时候，作家写作感到很疲惫，就会走到花园里，蹲在花朵旁，闻一闻花香。她还会轻轻地抚摸着花茎上的花刺，感受着花朵的骄傲。每当这时，她的内心总是感到特别满足，也会感到无法言喻的喜悦。

因为写作的收入并不稳定，家里的生活主要靠丈夫负担，所以女作家花园里的花不但使她赏心悦目，情绪愉悦，还是他们重要的收入来源。每天的黎明时分，在花朵上还带着露珠的时候，女作家就会去花园里剪下一些娇嫩的、刚刚绽放的花朵，拿到城市叫卖。她会在中午到来之前卖完这些花朵，在回家的途中用这些花朵换来的钱给丈夫买一些喜欢吃的食物。有的时候天气不好，她在回家的途中会遭到雨淋，因而她只能浑身湿漉漉地跑回家里。换作别人，也许会因为生活的紧迫而抱怨，但是她却对此安之若素，一笑置之。回到家里，她狼狈不堪，赶紧拿毛巾擦拭自己的汗水和雨水。然后，她还会对非常心疼她的丈夫说："我的工作可真美好呀，鲜花上面有露珠，我的身上有雨水，我是不是和鲜花一样娇艳呢？"

在为丈夫准备好美味的食物之后，女作家就开始了下午的写作工作。她一投入写作就会忘却时间，等到她终于抬起头来看着窗外的时候，才发现夜幕已经降临了。她赶紧去厨房为丈夫做面饼子，在把面饼子放到火上烘烤的时候，她又回到桌边，见缝插针地写上几句。然而，她一写起来就会文思泉涌，等到厨房里的焦味儿终于飘到她鼻子里的时候，面饼子已经被烤焦了。她不得不向丈夫道歉，她常常让丈夫吃这样被烤焦的面饼子，她的丈夫却从不抱怨。他大口大口地吃着烤焦的面饼子，他非常喜欢吃妻子做的面饼子，这是因为在妻子做的面饼子里，有对自然的爱，有对文学的爱，更有对他的爱。在这个家庭的生活中，因为妻子始终怀有年轻乐观的心态，所以整个家庭的氛围都是非常轻松的，因而丈夫在工作之余最喜欢留在家里，看着妻子既可爱又蠢笨，既充满才华又笨手笨脚的模样，他满心欢喜。

现实生活中，很多人对于生活充满了抱怨，他们总觉得命运给予自己的太少，没有得到的却太多。在这样怨天尤人的心态中，他们变得越来越苍老，他们的内心从来不会因为满足而感到快乐，他们永远只记得自己失去了什么，没有得到什么，心中满是遗憾。在这样的心态下，怎么可能获得幸福呢？

看看女作家玛丽的生活吧，虽然玛丽的生活非常简朴和拮据，她不但要写作，还要靠着卖鲜花来为家里换取一些食物，但是她从不抱怨。哪怕是在回家的路上被淋成了落汤鸡，她也认为这样的生活是非常有趣的。换而言之，玛丽有着一颗纯真的赤子之心，这样的赤子之心使她坦然面对生活的一切安排，坦然面对命运的一切赐予，也使她对于人生有了无限的期待。

那么，玛丽为何会对生活的困苦不以为意呢？就是因为她保持着年轻的心态，也是因为她的精神有所寄托。玛丽非常喜欢写作，她所做的一切事都是她爱做的事情，例如早晨去亲近大自然，与鲜花作伴，下午坚持写作，做自己喜欢的事情，晚上给自己所爱的丈夫做饭，这些事情都让她感受到了生活的快乐与美好。

很多人为了追求幸福想尽办法，甚至因为得不到幸福而无限懊恼，其实幸福就在我们的身边，幸福以它自己的方式陪伴着我们，所以任何时候都不要抱怨幸福距离我们太遥远。面对生活中很多琐碎的小事时，我们要牢记郑板桥所说的难得糊涂，当我们不再斤斤计较而是保持着年轻纯真的心态时，我们就会远离烦恼；当我们假装糊涂，不表现出聪明的才华，呈现出十足的信心时，我们就会结交更多的朋友。古人云，水至清则无鱼，人至察则无徒，说的正是这个道理。当一个娇憨的人又有什么不好呢？虽然作为有出息的男孩在很多时候都要表现出精明强悍的状态，但是偶尔表现得很娇憨，有小小的糊涂，同样会让男孩显得很可爱，也会让男孩的生活更豁达，更从容，更幸福。

知足常乐，知足幸福

自从升入初中，乐乐的成绩就位于班级第一，年级第二。为何乐乐总是年级第二呢？原来年级里有一个叫小汪的同学学习成绩比乐乐更好一些，每次考试都比乐乐多考几分甚至十几分。对此，乐乐深感苦恼。有一次，乐乐的成绩提升了十几分，他原本以为这次一定能够超越小汪，但是却发现小汪的成绩也提升了十几分，所以他依然比小汪差几分。乐乐沮丧地回到家里，妈妈询问他考得如何，他愁眉苦脸地说："反正不管我怎么努力，都不能超越小汪。"

看到乐乐沮丧的样子，妈妈耐心地安抚乐乐："你以小汪为目标，想要超过他，所以不懈努力，这样的表现是非常好的，这样的出发点也是很好的，妈妈当然会大力支持你。但是，你可不要把这个作为自己获得满足的标准。对于你而言，这次考试比之前提升了十几分，这是很大的进步，所以你应该认可自己，也应该因此而感到满足。当然，在接下来的学习中，我们还是一样以小汪为目标，你们能够这样在学习上你追我赶，对于彼此都是极大的促进。"

乐乐疑惑地问妈妈："学习上不就是要展开竞争吗？"妈妈点点头说："学习固然要展开竞争，但是应该友谊第一，竞争第二。如果我们的学习目标就是反超小汪，那么我们的目标就太小了。要知道，全市有那么多学校，有那么多孩子，还有很多孩子都比小汪更加优秀呢！所以我们要把关注点放在自身的成长上，我们的目标是每一次都有进步。如果能够赶超小汪，那就是进步带来的福利；即使不能赶超小汪，我们也依然要保持进步的态势，这样我们才能发挥出自己最好的水平，不至于因为没有努力而感到遗憾。与此同时，我们也会因为自己获得了进步而感到满足，更加认可自己，这才是最好的结果。"听到妈妈的话，乐乐恍然大悟，他对妈妈说："我明白了！成长，才是最重要的。我们之所以要竞争，是为了激励自己成长，但是我们不能把竞争作为最终的目的。我必须激励自己，才能坚持成长和进步，这才是我们的终极目标。"妈妈由衷地笑了，对乐乐竖起了大拇指。

做人既要有不懈追求的目标。也要学会知足，这样才能感受到快乐。如果总是在前进的道路上给自己提出过高的要求，或者陷入与他人的比较之中，因此而迷失了目标，那么就无法获得快乐。人性的弱点之一就是贪婪，这注定了很多人都不会感到知足。对于自己拥有的东西，人们总是渴望拥有更好更多的东西，尤其是在比较心态的驱使下，很多人还总是与他人进行毫无意义的攀比，这使得我们渐渐地远离了快乐，也无法友好地与周围的人相处。作为有出息的男孩，一定要既坚持奋斗，又能懂得知足，毕竟凡事都要把握合适的分寸，这样才能获得更多的快乐。对于自己已经拥有的一切，我们应该心怀感恩，对于自己想要拥有的一切，我们应该适度追求，这样我们才能始终拥有幸福。

在学习的道路上，很多男孩也与乐乐一样喜欢与人攀比，这固然是有上进心的表现，但是却不要忽略了攀比的最终目标。攀比不是为了超过他人，而是为了能够激励自己，只有以进步作为终极目标，我们在与他人的攀比中才会收获更多，坚持成长，也才能够让攀比发挥积极的作用。

在自身成长的过程中，我们还应该看到自己的进步和成就。很多人终其一生碌碌无为，要知道，追求是永无止境的，如果我们陷入攀比的怪圈之中，就会沉沦其中，那么我们应该从自身的需求出发，满足自己的需求，而不要过多地与他人攀比。只有丢掉攀比之心，我们才能全力以赴地追求自己想要的东西，也才能真正地让自己获得满足。

顺应天性，让我们亲近幸福

很久以前，有一个国王总是感到不幸福，每天被关在皇宫里日理万机，他觉得生活很枯燥。思来想去，他决定偷偷地开小差，溜出宫去感受老百姓的生活，也让自己换一换心情。这么想着，他就换了便装，偷偷地走出了皇宫。

来到皇宫之外，走在熙熙攘攘的街道上，他看到有一个老头正坐在街道旁给大家补鞋。看起来，这个老头的修鞋生意很好，因为他的身边堆着一大堆破破烂烂的鞋子。看到老头一边干活一边哼着小曲，国王忍不住蹲下来问："在这个国家里，谁才是最快乐的人呢？"听到国王的问话，老头毫不迟疑地回答道："那还用问吗？当然是住在皇宫里的国王啦。"国王听到这个回答非常惊讶，当即反问道："为什么呢？你怎么知道国王是最快乐的人呢？"老头想了想，认真地说："你想呀，国王高高在上，拥有至高无上的权力，还有那么大的皇宫住着。最重要的是，大家都听他的话呀，他从来不为吃喝而发愁，不用为了谋求生计而辛苦地劳作。我要是国王啊，我肯定觉得自己是最幸福的人！"听到老头的回答，国王陷入了沉思。过了片刻，国王才说："但愿一切都如你所想的那样吧！"

后来，国王特意请老头吃饭，还让老头喝了很多美酒。喝完美酒之后，老头醉醺醺地趴在桌子上睡着了。这个时候，国王命令随身的仆人把老头运到皇宫里，并且安排侍卫和宫女们都要像对待真正的国王那样对待这个老头。大家全都遵从国王的命令，等到老头醒了，侍从们全都把老头当成真正的国王。老头一觉醒来，发现自己置身于富丽堂皇的皇宫，还以为自己是在做梦呢！他忍不住掐自己，感觉到很疼，但是他对自己的遭遇完全无法解释。后来，他被安排去朝廷上听文武百官们汇报工作。对于文武百官所说的事情，他听都听不懂，感到头痛不已。因为坐的时间太长，他还感到腰酸背痛。就这样，老头在皇宫里过了好几天，虽然吃着山珍海味，却因为每天都要处理朝政而感到头昏头脑胀，根本没有胃口吃。相比起以前吃粗茶淡饭的日子，他反而瘦了一大圈。

老头还记得自己以前修鞋的日子，但是看到王公大臣和贴身的侍从都对待他如同对待真正的国王一样，他不由得感到疑惑，不知道修鞋的日子是自己做的一场梦，还是现在作为国王的这些日子都是假的。有的时候，看着自己粗糙的手，他简直傻傻分不清自己到底是谁。后来在侍从的安排下，老头又喝多了，醉得不省人事，这个时候侍从把老头送回他自己的床上。老头醒了过来，看到自己熟悉的家，感到非常开心。从此之后，他又变成了那个快乐的修鞋匠，每天日出而作，日落而息，在修鞋的时候还能与前来拿鞋的顾客一起轻松地聊天。

过了一段时间，国王又微服私访，来到老头的鞋摊旁。这个时候，国王又问了老头同样的问题，老头感慨地回答道："我上次喝了酒，做了一个奇怪的梦，居然在梦里当了几天的国王。虽然这只是一个梦，但是却让我知道了国王的辛苦。原来，国王看似住在非常安逸舒适的皇宫里，但是根本没有时间去享受生活呀，他每天都要处理很多国家大事，这些事全都关系到国家和老百姓，所以国王总是忧心忡忡，简直每分每秒都是煎熬。我可太幸运了，我不是国王，而是一个修鞋匠，我现在必须对你改正我上次错误的回答。在这个世界上，当修鞋匠才是最幸福的吧。"老头的话，令国王忍不住哈哈大笑起来。

一个人是否幸福，并不在于他从事什么职业，对于国王而言，让国王从事修鞋匠的职业，国王未必能做得很好，反而会错误百出。反之，让修鞋匠去当国王，那么修鞋匠也会觉得每一分每一秒都是煎熬。一个人要想真正获得幸福，就要顺应自己的本性，这样才会自然而然地得到幸福。否则，如果总是违背自己的本性，不能凭着意愿去做自己想做的事情，那么生活就会变得非常糟糕，也会变得特别难熬。

人的天性虽然有着相近之处，但是每个人的天性都是完全不同的，所以我们要想获得幸福，就要先了解自己的天性，就要询问自己的内心，知道自己想要怎样的生活。如果一个人根本不知道自己想要怎样的生活，总是随波逐流，那么不管拥有怎样的际遇，他都不会感到满足。反之，如果一个人坚定不移地确立了人生目标，也努力地为之奋斗，那么他就会与幸福更加接近。

在漫长的人生中，很多男孩都有伟大的梦想和志向，也会为此而坚持不懈地追求着。对于未来，他们更是有很多美妙的幻想和瑰丽的憧憬。有些男孩希望自己成为高高在上的官员，有些男孩希望自己拥有大量的财富，有些男孩希望自己拥有至高无上的地位，也有些男孩希望自己拥有很好的声誉。这些都是男孩们想要追求的，但是男孩们却未必能够得到。要想幸福，男孩们还要学会降低自己的欲望，学会清除自己不切实际的幻想，因为很多东西虽然不是生活的必需品，我们却很渴望得到。其实，对于大多数人而言，只需要很少的东西就能维持基本的生存。当减少了欲望之后，我们就会距离幸福越来越近，也会真正地掌控自我，掌控人生。

在现实生活中，很多人之所以不幸，是因为他们并没有顺应天性，也不知道自己真正想要的是什么。他们盲目地与他人比较，看到他人有什么，自己也就想要有什么，看到他人得到了什么，自己也就迫不及待地想要得到。其实，即使有再大的房子，我们也只需要一张床就能够拥有甜美的睡眠；即使有再多的山珍海味，我们也只要吃一碗饭就能够吃饱。所以我们没有必要拥有奢华的宫殿，也没有必要拥有那么多奢侈的东西，而只要满足基本的生存所需，再全心全意地感受幸福，就会真正地感到快乐富足。

参考文献

[1]党博.做个有出息的男孩[M].北京：中国纺织出版社，2020.

[2]李卓.做个有出息的男孩[M].北京：中国华侨出版社，2015.

[3]晓丹,张清雅.做个有出息的男孩[M].北京：中国妇女出版社，2019.